BAND 03

Happy Huhn

Das Hühnerrassen-Buch

60 neue Rassen für Halter und Züchter

Näheres zu dieser Rasse finden Sie auf Seite 76!

Liebe Leserin,

wir freuen uns, dass wir dir mit unserem Buch neue Inspiration liefern dürfen und hoffen, es wird dir gefallen. Weitere Leseabenteuer mit verbriefter Fachinformation findest du auf www.cadmos.de

Wenn du mit uns in Verbindung treten oder deine Erfahrungen teilen möchtest, dann tue das bitte unter:

https://www.facebook.com/cadmosverlag

https://www.instagram.com/cadmosverlag

oder per Mail an info@cadmos.de

Wir freuen uns schon jetzt über dein Feedback!

ISBN: 978-3-8404-3077-0

Viel Freude mit diesem Buch wünscht dir das CADMOS-Team:

Autoren: Robert Höck, Armin Six

Covergestaltung, grafisches Konzept, Satz: Gerlinde Gröll, www.gggraphicdesign.at

Lektorat: Christine Weidenweber, www.verbene.eu

Korrektorat: Gertrud Döffinger

Fotos am Cover: Robert Höck, Monika Höck, wShutterstock/Numchoak Juntavichai, cynoclub, Real Window Creative

Illustrationen: Shutterstock/tristan tan, Aliaksei_7799

Wir übernehmen Verantwortung:

Dieses Buch wurde anhand ausgewählter Qualitätskriterien ressourcenschonend und schadstofffrei in Cadmos Qualität für dich hergestellt. Das verwendete Papier für Kern und Cover ist FSC©-zertifiziert, der Druck erfolgte CO_2-neutral. Der Inhalt ist auf Magno matt 135 g/m² mit 1,01 Volumen für dich gedruckt, ein matt gestrichenes Bilderdruckpapier, das die Farben leuchten lässt und dem Inhalt einen hochwertigen Charakter verleiht. Das Cover wurde auf Peyvida puro 270 g/m² gedruckt, einem Naturkarton mit ansprechender Optik und Haptik.

Auf Laminierung und Einschweißen in Plastikfolie verzichten wir – für unsere Umwelt und unsere Zukunft.

Gedruckt und gebunden wurde dieses Buch in der EU (wir wollen lange Transportwege vermeiden), bei unserem langjährigen, bewährten Druckpartner GRASPO (www.graspo.com).

FSC www.fsc.org MIX Papier | Fördert gute Waldnutzung Paper | Supporting responsible forestry FSC® C010798

Product footprint CO_2 Neutral PBN-CFMC-059235 www.preferredbynature.org

Uns ist wichtig:

Gender-Erklärung: Alle Geschlechter sollen sich gleichermaßen wahrgenommen und wertgeschätzt fühlen. Im Sinne eines flüssigen Lesevergnügens verzichten wir jedoch auf die Verwendung von geschlechterspezifischen Sprachformen (m/w/d). Sämtliche Personenbezeichnungen gelten gleichermaßen für alle Geschlechter!

Haftungsausschluss: Wir haben den Inhalt dieses Buches nach bestem Wissen geprüft. Für die Richtigkeit der Angaben und eventuelle Schäden, die aufgrund von Beschlüssen und Handlungen, die anhand der gegebenen Informationen getroffen wurden, wird trotz sorgfältiger Recherche keine Haftung übernommen. Im Zweifelsfall ziehe bitte geschulte Fachleute zu Rate.

Dieses Buch richtet sich ausschließlich an die Hobbyhalter, die Hühnerhaltung im kleinen Stil betreiben wollen. Weniger geeignet ist es für Hühnerhalter des landwirtschaftlichen bzw. kommerziellen Sektors. Auf dem Bildmaterial sind Hühner zu sehen, die im Freien gefüttert und getränkt werden. In einigen Regionen Mitteleuropas ist das Anbieten von Trinkwasser und Futter für Hühner im Freien aber aktuell aus seuchenhygienischen Gründen gesetzlich nur bedingt erlaubt, im Wesentlichen wegen der Vogelgrippe.

BAND 03

Armin Six + Robert Höck

Happy Huhn

Das Hühnerrassen-Buch

60 neue Rassen für Halter und Züchter

Näheres zu dieser Rasse finden Sie auf Seite 36!

LANDLEBEN

Einleitung

Hühnerrassen in diesem Band:

Inhalt.

Robert Höcks
„Happy Huhn„-
YouTUBE-Kanal
finden Sie unter
http://bit.ly/2oMBuFR

Einleitung VON ARMIN SIX

Alte Rassen und genetische Ressourcen

Mitteleuropa beherbergt eine Vielzahl von Rassen und Farbenschlägen unterschiedlichster Herkunft und deckt damit einen großen Teil der weltweiten Variation im Haushuhnbereich ab. Zahlreiche dieser Varianten sind hier entstanden, also spezifisch für den mitteleuropäischen Kulturraum und vielfach auch nur hier verbreitet, andere wurden schon vor vielen Jahrzehnten oder sogar Jahrhunderten eingeführt. Nicht selten tragen deren hiesige Populationen essenziell zum weltweiten Erhalt der jeweiligen Rassen bei.

Lakenfelder weisen durch die ursprungsfremde Einkreuzung von Sussex-Hühnern im 20. Jahrhundert heute einen ostasiatischen Genanteil von etwa 20 Prozent auf. Foto © Robert Höck

Speziell für diese alten, in Mitteleuropa entstandenen oder seit langer Zeit heimischen Rassen bzw. Farbenschläge tragen wir eine besondere Verantwortung. Sie sind die Grundbausteine aller hier in der Folge entwickelten Zuchtformen und somit die Basis der gesamten heimischen Vielfalt beim Haushuhn. Es sind unsere genetischen Ressourcen.

Doch wie definieren wir sie und welche Kriterien muss eine Rasse oder eine Population erfüllen, um als eine solche genetische Ressource zu gelten?

Alter und Ursprünglichkeit

Ein Kriterium ist sicher das Alter. Je älter eine Population ist, desto basaler ist auch ihre Stellung im Stammbaum der heutigen Rassen und desto größer ist ihre Bedeutung als Grundbaustein – vorausgesetzt, sie konnte weitgehend unverfälscht erhalten werden.

Aber das ist nicht in allen Fällen gegeben. So ging man lange Zeit davon aus, die Kastilianer seien der Prototyp des spanischen Landhuhns und die Vorfahren der Minorka, Spanier und Andalusier. Heute weiß man aufgrund genetischer Typisierungen jedoch, dass die Kastilianer einen, wenn auch recht überschaubaren, ostasiatischen Genanteil im Umfang von 10 % haben, während die Minorka noch zu 100 % europäischen Ursprungs sind. Sie stehen daher zumindest in genetischer Hinsicht dem Prototyp des alten spanischen Landhuhns etwas näher.

In ihrer ursprünglichen Form erhalten wurden oft Rassen, die schon sehr früh von der organisierten Geflügelzucht in ihre Obhut genommen wurden und so von einer Verkreuzung, sei es nun durch unkontrollierte Zucht oder zur gezielten Leistungssteigerung, verschont blieben – wie z. B. die Minorka,

Die beiden Autoren Armin Six und Robert Höck stolz mit den ersten beiden Bänden unserer Buchreihe sowie zwei Serama-Hühnern, die nun im finalen Band ausführlich portraitiert sind. Foto © Monika Höck

die schwarzen Rheinländer oder die Hamburger Silberlack. Ebenso ursprünglich blieben meist Rassen mit besonderen Merkmalen oder Eigenschaften wie Haubenhühner, Sprenkelhühner oder Langkräher, bei denen jede Einkreuzung den Erhalt dieser Merkmale gefährdet hätte. Wenn es hier zu Kreuzungen kam, erfolgten sie meistens innerhalb einer solchen Merkmals- und Verwandtschaftsgruppe und sind daher genetisch kaum zu detektieren.

Andererseits gibt es auch Fälle, in denen ursprungsfremde Einkreuzungen bewusst vorgenommen wurden, um einzelne, für das Schauwesen wichtige Merkmale „zu verbessern“ oder, was heute leider ein gefährlicher Trend ist, die Rasse „grö-

Das Rheinländer-Huhn gilt in seinem schwarzen Farbschlag als eine der wichtigsten Genreserven der westeuropäischen Verwandtschaftsgruppe des Haushuhns.

Foto © Robert Höck

ßer zu machen„. Ein Beispiel dafür sind die Lakenfelder, deren Genpool heute einen ostasiatischen Anteil von 20 % aufweist – als Folge der Einkreuzung weiß-schwarzcolumbiafarbener Sussex und mit dem Ziel, Farbbild und Größe zu „verbessern„.

Besonders gefährdet von einer genetischen „Überformung" waren und sind die indigenen Landhuhnformen in jenen Ländern, in denen eine organisierte Geflügelzucht erst sehr spät einsetzte oder nicht flächendeckend in Erscheinung trat. Die „Nische" solcher Landhühner waren dann in der Regel die kleinen bis mittelgroßen Höfe, die primär der Selbstversorgung dienten und maximal eine Direktvermarktung auf regionaler Ebene betrieben. Nach Aufkommen der kommerziell bedeutenden Wirtschaftsrassen kam es dort zu unkontrollierten Kreuzungen, und wenn eine solche Rasse dann von der organisierten Geflügelzucht „entdeckt" wurde, gab es praktisch keine originalen Bestände mehr. So findet man heute in Osteuropa, Skandinavien, Spanien oder Italien, von wenigen Ausnahmen abgesehen, keine unverkreuzten europäischen Landhühner mehr vor.

Kontinuität

Ein weiteres Kriterium zur Beurteilung einer genetischen Ressource ist deren Kontinuität. Denn eine Rasse ist mehr als eine Merkmalliste, die man, sofern ausgestorben, durch diverse Kreuzungen einfach wieder rekonstruieren kann. Aber genau das geschieht nicht selten und wird dann nicht immer klar kommuniziert. So sind z. B. die meisten der Französischen und Belgischen „Traditionsrassen" in Wirklichkeit Neuzüchtungen, die dem ausgestorbenen Original mal mehr oder mal weniger nahestehen. Mit genetischen Ressourcen hat das nur sehr bedingt etwas zu tun. Ein entsprechendes Beispiel aus Deutschland sind die schwarz-weißgedobbelten Bergischen Schlotterkämme. Um 1929 ausgestorben, wurden sie in den 1950er-Jahren aus Bergischen Krähern und silber-schwarzgetupften Thüringer Barthühnern „neu erzüchtet„. Die genetischen Ressourcen sind hier natürlich die beiden Ausgangsrassen und nicht deren neue Kombination. Erst wenn diese ausgestorben sein sollten, kann man bei den schwarz-weißgedobbelten Schlotterkämmen von einer wirklichen Ressource sprechen.

Die Praxis solcher „Wiedererzüchtungen" ist eher kritisch zu bewerten, denn sie setzt für die Erhaltungszucht die falschen Signale. Es wäre sicher sinnvoller, den Fokus auf die noch verbliebenen originalen Rassen zu legen, anstatt ihnen mit derartigen Neuzüchtungen unnötig Konkurrenz ins Haus zu stellen. Zudem ist speziell für Zuchteinsteiger oft nicht ersichtlich, ob es sich bei diesen Züchtungen tatsächlich um alte Populationen handelt. Es wäre daher besser, sie mit einem neuen Namen zu versehen oder zumindest einen entsprechenden Namenszusatz anzufügen.

Exklusivität

Die kommerziell genutzten und weltweit verbreiteten Zuchtlinien decken nur einen Teil der Gesamtvariation beim Haushuhn ab. Bei ihnen dominiert

Als direkte Nachfahren des ausgestorbenen Steirischen Landhuhns sind die Altsteirer eine wertvolle genetische Ressource innerhalb der österreichischen Rassen.

Foto © Robert Höck

Auch die Spanier, hier ein Zwerg-Spanier-Hahn mit ausgeprägter weißer Gesichtsmaske, sind eine wichtige Genreserve der westeuropäischen Haushuhnfauna.

Foto © Robert Höck

Aus genetischer Sicht entsprechen Minorka noch heute nahezu vollständig dem ursprünglichen spanischen Landhuhn. Foto © Robert Höck

einerseits das Weißleger-Cluster als Nebenlinie der westeuropäischen Gruppe und anderseits die Braunleger-Komponente, hauptsächlich entwickelt aus dem chinesischen Cluster. Daher sind im Besonderen solche Rassen bzw. Rassengruppen als Ressourcen zu betrachten, bei denen andere Cluster, wie das Osteuropäische, das Westasiatisch-Nordostafrikanische, das Südostasiatische oder das Japanische starke Anteile zeigen.

Grundbausteine

Analysiert man die hiesige Vielfalt des Haushuhns hinsichtlich der Kriterien Alter, Ursprünglichkeit, Kontinuität und Exklusivität und berücksichtigt weiterhin noch eine gewisse Bodenständigkeit, also entsprechende Zuchttradition im mitteleuropäischen Raum, kristallisieren sich mehrere Rassen bzw. Rassengruppen als grundlegende Ressourcen heraus:

- die Hauben- und Sprenkelhühner, die in der Regel weitgehend unverfälscht erhalten wurden und aus genetischer Sicht die osteuropäische Verwandtschaftsgruppe repräsentieren, die in den kommerziellen Linien praktisch nicht vertreten ist;
- innerhalb der englischen Rassen die Dorking, Altenglischen Kämpfer und Hamburger Lackhühner. Auch diese Gruppe repräsentiert aus genetischer Sicht das osteuropäische Cluster;
- innerhalb der West- und Mitteleuropäischen Rassen die Minorka und Spanier als Prototypen des Spanischen Landhuhns, die schwarzen Rheinländer, schwarzen Krüper und schwarzen Schlotterkämme sowie die weißen Ramelsloher als Prototypen des mitteleuropäischen Landhuhns, die Deutschen Sperber als einzige Nachfahren der ausgestorbenen „Leiendecker„, die Altsteirer als ursprünglichste Form des Steirischen Landhuhns, die Leghorn und Italiener in den Farbenschlägen rebhuhnhalsig, silberfarbig, schwarz, weiß und schwarz-weißgescheckt als weitgehend ursprüngliche Vertreter italienischer Landhühner, die Lakenfelder als Repräsentanten einer niederländisch-belgischen, durch Varianten der Wachtelfarbe gekennzeichneten Verwandtschaftsgruppe sowie die Bergischen Kräher als einzige westeuropäische Langkräherrasse;
- die Deutschen Zwerge, Holländischen Zwerge und Bassetten als Zwergform des Westeuropäischen sowie die Federfüßigen Zwerge als Zwergform des Osteuropäischen Clusters;
- die traditionell in Europa gezüchteten basalen asiatischen Rassen Cochin, Brahma und Langschan;
- Rassen, deren Wurzeln zwar außerhalb Europas liegen, die jedoch eine lange und eigenständige Zuchttradition in Mitteleuropa haben, wie die Dominikaner, Sumatra, Phönix und Yokohama, wobei die Sumatra die Südostasiatische und die Phönix und Yokohama die Japanische Komponente vertreten.

Armin Six, im Oktober 2024

Englische Rassen

Nach den Hamburger Lackhühnern und Redcaps wird nun mit dem Old English Pheasant Fowl die dritte und wohl auch ursprünglichste Rasse dieser einzigartigen nordenglischen Verwandtschaftsgruppe vorgestellt. Kurz porträtiert werden außerdem die Socts Grey und Scots Dumpy.

Englisches Fasanenhuhn (Old English Pheasant Fowl)

Das Altenglische Fasanenhuhn oder Old English Pheasant Fowl, kurz als OEPF bezeichnet, wurde im Laufe seiner Zuchtgeschichte mit vielen Namen bedacht, die selten kurz und knapp waren, darunter beispielsweise „Gold spangled Yorkshire Pheasant" oder „Old Yorkshire Reeve's Pheasant Fowl„. Die Assoziierung mit den Fasanen war aber bei fast allen dieser Varianten gegeben und bietet Anlass für zahlreiche Spekulationen. Es gibt nämlich mindestens drei verschiedene Theorien, wie der Fasanenvergleich einst zustande kam. Oft wird eine angebliche Ähnlichkeit der adulten Tiere mit Fasanen als Begründung angeführt, wonach die Goldenen einem Jagdfasan und die heute vermutlich verschollenen Silbernen dem Königsfasan ähneln würden. Der zweiten Theorie zufolge sollen die OEPF-Küken mit ihren rotgoldenen Köpfen und ihrer Streifung Ähnlichkeit mit den Küken des Königsfasans haben, was sich de facto nicht von der Hand weisen lässt. Die dritte Theorie besagt schließlich, dass die OEPF-Hennen traditionell zur Brut und Auswilderung von Jagdfasanen in den Dales verwendet wurden und sich wegen ihrer Robustheit und Wetterhärte derart gut für diesen „Job" eigneten, dass dies schließlich auch zur Würdigung in ihrem Rassenamen führte.

Eine typvolle Henne des Old English Pheasant Fowl mit geperltem Rosenkamm, schiefergrauen Läufen und deutlichem Grünlack in den schwarzen Gefiederbereichen. Foto ©Wikimedia Commons /Tim Daniels

Herkunft und Entstehung: Zweifelsfrei sind die Old English Pheasants seit Jahrhunderten in ihrer nordenglischen Heimatregion bekannt und fanden insbesondere in Lancashire und Yorkshire wichtige Refugien. Schon im Jahrbuch der Feathered World von 1915 wird darauf hingewiesen, dass sie schon 100 Jahre zuvor bei den Bewohnern der Yorkshire Dales beliebte Hühner waren: „It is known to have been favourite with the northern Dalesmen upwards of 100 years ago„. Sie waren also schon vor mehr als 200 Jahren eine bekannte und gut verbreitete Rasse in Yorkshire.

Als nachweislich nahe Verwandte der Hamburger Lackhühner und Redcaps (WRAGG et al. 2012) verkörpern sie sowohl hinsichtlich der Form als auch des Kamms einen intermediären Typ zwischen den eleganten Hamburgern und den schwereren, markanteren Redcaps, was einmal mehr nahelegt, dass es sich bei ihnen um die basale Ursprungsform beider Rassen handelt. Im

Laufe der weiteren Entwicklung kam es in moderatem Umfang zur Einkreuzung schwerer asiatischer Rassen, wie ein ca. 15%iger, vorwiegend chinesischer Genanteil nahelegt (WRAGG et al. 2012). Aktuell wird die Rasse vom Rare Breed Survival Trust betreut.

Erscheinungsbild: Ein prägnantes Merkmal der OEPF ist sicherlich der mittelgroße bis große Rosenkamm, der niemals glatt sein sollte, sondern deutlich geperlt. Hinzu kommen die stets weißen Ohrscheiben und ursprünglich schiefergrauen Läufe, die jedoch aktuell teils grünlich oder gelblich sind, was wohl auf den genannten Einfluss asiatischer Rassen zurückzuführen ist.

Das OEPF gilt als wetterhart und ideal für die Freilaufhaltung auf der grünen Wiese. Es sucht sich dann einen Großteil seines Futters selbst. Foto © Adobe Stock/Erni

Zur Unterscheidung zwischen Old English Pheasant Fowl und Derbyshire Redcaps (hier abgebildet) kann neben der Kammgröße auch das Halsgefieder herangezogen werden, das bei den Redcaps deutlich weniger Schwarzpigment aufweist und daher heller wirkt.

Foto © Robert Höck

Im Unterschied zu den Redcaps (siehe Band 1, S. 42 ff.) haben die OEPF in ihrer halbmondförmigen Gefiedersäumung mehr Schwarzpigment, was sich insbesondere am Halsgefieder bemerkbar macht, das aus der Ferne betrachtet zuweilen vollständig schwarz wirkt. Neben der mahagonibraun getupften Form gab es früher auch eine silberne Variante, die offiziell beim Rare Breed Survival Trust jedoch nicht mehr gelistet ist. Weiterhin gab es einst auch einen schwarzen Lancashire-Schlag, der wohl die Basis der heutigen schwarzen Hamburger bildet und so in ihnen weiterlebt.

Leistungseigenschaften: Obwohl man in der Literatur vielfach deutlich höhere Angaben findet, dürfte sich die tatsächliche Legeleistung aktuell im Bereich von jährlich 140–160 weißen, 50–55 g schweren Eiern bewegen.

Wesenseigenschaften: Old English Pheasants werden nicht übermäßig zahm und dürften eine der lebhaftesten und beweglichsten englischen Hühnerrassen darstellen. Sie reagieren bei Gefahr unverzüglich mit Flucht, wobei sie durchaus auch von ihren Flügeln Gebrauch machen und auf erhöhte Positionen fliegen. Es sind aufmerksame, anpassungsfähige Tiere, die einen weitläufigen Freilauf zu schätzen wissen, sich aber mit etwas Ruhe und Geduld auch in einer größeren Voliere eingewöhnen.

Bruttrieb: Der Bruttrieb war historisch gut bei den Hennen verankert, ist aber nach Angaben der wenigen verbliebenen Züchter aktuell etwas ins Hintertreffen geraten. Möglicherweise spielen hier auch die veränderten Haltungsformen eine Rolle, da viele Hühnerrassen mit eher agilem Grundcharakter dazu neigen, unter beengten Platzverhältnissen nicht zu brüten. In völlig frei laufenden Herden dürften gewiss auch wieder vermehrt Glucken beobachtet werden.

Empfehlungen für Zucht und Haltung: Das raue Klima Nordenglands hat mit dem OEPF eine überaus unkomplizierte und abgehärtete Hühnerrasse geformt, die selbst mit der fatalen Kombination aus Kälte und Nässe vergleichsweise gut zurechtkommt. Dennoch sollten die Tiere genauso sorgfältig untergebracht werden wie alle anderen Hühnerrassen auch.

Die größte Gefahr für die Rasse stellen neben der geringen Zuchtbasis ursprungsfremde Einkreuzungen dar. Bereits vor gut zehn Jahren betrug ihr asiatischer Anteil ca. 15 %, und die aktuell vorkommenden grünlichen bzw. gelblichen Läufe könnten durchaus ein Indiz dafür sein. Sicher können bei sehr seltenen Rassen Einkreuzungen notwendig werden, jedoch sollte man dabei immer reflektiert und umsichtig vorgehen. Keinesfalls sollten einzelne Merkmale hier entscheidend sein. Die OEPF haben mit den Redcaps und Hamburger Goldlack sehr nahe Verwandte, die für eine Auffrischung bestens geeignet sind. Für eine Einkreuzung unverwandter Rassen gibt es daher keinerlei Notwendigkeit.

Scots Grey und Scots Dumpy

In Schottland zählen die Grauen Schotten, alias Scots Grey, unter „Chicken fanciers" zu den beliebtesten Hühnerrassen, während sie auf dem europäischen Festland noch als extrem seltener Geheimtipp für alle gelten, die auf der Suche nach einer alten gesperberten Traditionsrasse sind. Das war nicht immer so. Denn schon einmal, zu Beginn des 20. Jahrhunderts waren die „Greys" in Mitteleuropa durchaus verbreitet und beeinflussten hier die Entwicklung verschiedener anderer gesperberter Rassen wie z. B. der Deutschen Sperber und der Dominikaner.

Gesperberte Hühner werden im englischen Sprachraum traditionell als „grey" oder „cuckoo" bezeichnet, während der heute zumeist verwendete Begriff „barred" jüngeren Datums ist. Die Scots Grey gehen auf gesperberte schottische Landhühner zurück, wie es sie früher nahezu überall in Europa gab. Neben der langbeinigen kamen sie schon immer auch in einer kurzbeinigen Variante vor, den Scots Dumpy. Nach 1930 nahmen beide Rassen im Bestand stark ab, die Dumpys verschwanden im Heimatland sogar komplett und überlebten nur in einer kleinen Population, die 30 Jahre zuvor nach Kenia verbracht wurde (WANDELT & WOLTERS 1996). Diese hat später dann sicher auch die langbeinigen „Greys" beeinflusst, denn beide Zuchtformen zeigen sich im Neighbor-Joining als sehr nah verwandte Schwesterrassen ohne Hinweis auf eine länger andauernde Trennung (WRAGG et al. 2012). Möglicherweise erhielten sie in Kenia auch den signifikanten asiatischen Input von etwa 50 %, aufgrund dessen man sie ebenso den Zwischentyprassen zuordnen könnte.

Die charakteristische Zeichnung in Kombination mit den fleischfarbenen Läufen und dem nicht zu großen Einfachkamm kennzeichnen das Erscheinungsbild eines typischen „Grauen Schotten„.

Es handelt sich bei beiden Rassen um kräftige Landhühner mit Einfachkamm, roten Ohrlappen, fleischfarbigen Läufen und voller, langer, gesperberter Befiederung. Sie legen bis zu 180 weiße oder cremefarbige, relativ große Eier mit einem Gewicht von ca. 60 g. Überdies gelten die Dumpy-Hennen als außerordentlich gute Glucken.

Hauben- und Sprenkelhühner

Die nah verwandten Hauben- und Sprenkelhühner stellen aus genetischer Sicht besonders wertvolle Ressourcen europäischer Haushühner dar.

Haubenhühner

Mit den Crève-Cœur, Breda und Eulenbarthühnern präsentieren wir nun drei alte und traditionsreiche Haubenhühner unserer Nachbarländer, die leider extrem selten sind und dringend neue Züchter brauchen. Ein relativ neues Mitglied der „Haubenhuhnfamilie" sind die in Deutschland entstandenen Annaberger Haubenstrupphühner.

Ein schwarzer Crève-Cœur-Hahn mit weißer Partnerin; Abbildung aus dem Geflügel-Album des deutschen Tiermalers Jean Bungartz (1885).

Foto © Wikimedia Commons/Jean Bungartz

Crève-Cœur

Die Crève-Cœur zählen zu den ältesten Haubenhühnern Europas und gehören, genau wie die Houdan, zu den ganz wenigen französischen Rassen, die über die Jahrhunderte hinweg durchgehend erhalten wurden. Denn von ein paar wenigen Ausnahmen abgesehen sind fast alle alten französischen Hühnerrassen im Laufe ihrer Zuchtgeschichte mindestens einmal „wiederbelebt" worden, indem man ihr Erscheinungsbild mithilfe anderer Rassen rein optisch wieder rekombinierte. Die Crève-Cœur können daher in ihrem Wert für die europäische Hühnerzucht gar nicht hoch genug eingeschätzt werden und benötigen für ihren dauerhaften Erhalt dringend eine größere Zuchtbasis.

Herkunft und Entstehung: Seit der frühen Neuzeit kamen osteuropäische Haubenhühner in mehreren Wellen und auf verschiedenen Wegen nach Süd-, Mittel- und Westeuropa, wo sie sich lokal, zum Teil unter Beteiligung heimischer Landhühner, zu eigenen, bodenständigen Zuchtformen entwickelten. So entstand in der Normandie im Umfeld des Ortes Crève-Cœur-en-Auge unweit von Lisieux die schon im 16. Jahrhundert beschriebene gleichnamige Hühnerrasse, an deren Entwicklung ein dort gelegenes Kloster eine besondere Bedeutung

Eine gesperberte Crève-Cœur-Henne mit vollem Bart, vergleichsweise kompakter Haube und der geforderten Sichtfreiheit.

Bei den Crève-Cœur sind oftmals trotz Bartbildung auch die Kehllappen noch deutlich sichtbar, wie dieser schwarze Hahn sehr gut veranschaulicht.

gehabt haben soll. Ihre nächsten Verwandten sind die ebenfalls uralten Houdan, mit denen sie sich nicht nur die gemeinsame Herkunft, sondern auch den Dorking-Input teilen, der bei beiden zu einer deutlichen Steigerung der Körpermasse führte.

Wie bei den Houdan erfolgte auch bei den Crève-Cœur die züchterische Vereinheitlichung in England, was auch bei ihnen mit einer Vergrößerung von Haube und Bart einherging. Nach Deutschland kamen die früher ausschließlich in Schwarz gezüchteten Hühner schon 1857.

Eine genetische Typisierung englischer Tiere zeigte neben der erwartungsgemäß dominierenden europäischen Komponente einen ca. 30 % umfassenden asiatischen Anteil (WRAGG et al. 2012), der zweifellos das Resultat ursprungsfremder Einkreuzungen ist. Inwieweit auch die mitteleuropäischen Populationen davon betroffen sind, ist derzeit noch unklar.

Erscheinungsbild: Crève-Cœur zeigen eine massive, rechteckige Landhuhnform mit waagerechter Haltung, Rundhaube, vollem Bart, voller, langer Befiederung und je nach Farbenschlag schwarzen bis fleischfarbigen, vierzehigen Läufen.

Ihr Kamm, ein als Geweihkamm bezeichneter Hörnerkamm, besteht aus zwei relativ großen Hörnern, die an ein lateinisches V erinnern. Sie sollen frei von Auswüchsen sein, was jedoch erst eine Forderung des modernen Ausstellungswesens ist. Früher waren sie zum Teil deutlich verästelt und hatten so mehr die Form eines Hirschgeweihs. Solche verästelten Kämme erhält man nicht selten, wenn man hörnerkämmige und schmetterlingskämmige Tiere kreuzt, was noch einmal mehr die

Hahn und Henne schwarzer Crève-Cœur, des ursprünglichsten und aktuell immer noch häufigsten Farbenschlages.

gemeinsame Basis mit den Houdan aufzeigt. Kurz nach ihrer Einfuhr entstanden in Deutschland zusätzlich zu den Schwarzen auch Weiße, Blaue und Perlgraue, wobei Letztere trotz zwischenzeitlichem Neuerscheinen heute wohl als ausgestorben gelten müssen. Die mithilfe entsprechend gefärbter Paduaner erzüchteten Gesperberten kamen Ende der 1950er-Jahren hinzu. Weiterhin gab und gibt es immer wieder Hinweise auf weitere Farbenschläge, die jedoch nie eine größere Bedeutung erlangten.

Leistungseigenschaften: Crève-Cœur-Hennen legen jährlich ca. 150 weiße, mindestens 55 g schwere Eier. Die Hähnchen gelten als frohwüchsig und haben eine hervorragende Fleischqualität.

Wesenseigenschaften: Ebenso wie die Houdan sind die Crève-Cœur eher ruhige, dabei aber aufgeweckte und neugierige Tiere mit nicht übermäßigem Bewegungsdrang und wenig Flugneigung. Sie sind daher auch sehr gut als Gartenhühner sowie für eine Volierenhaltung geeignet.

Bruttrieb: Der Bruttrieb ist eher gering ausgebildet.

Empfehlungen für Zucht und Haltung: Crève-Cœur stellen aufgrund ihrer Wesenseigenschaften keine besonderen Ansprüche an Zucht und Haltung. Doch sollte der Auslauf trocken und frei von Schlamm sein, da sonst Hauben und Bärte leicht verschmutzen. Ebenso empfiehlt sich zum Schutz vor Greifvögeln ein Netz über den Ausläufen.

Wie bei allen Vollhaubenhühnern ist der aktuelle Zuchtschwerpunkt primär auf eine möglichst große Sichtfreiheit zu richten. Tiere mit großen Hauben sollten daher nicht miteinander verpaart werden.

Ursprungsfremde Einkreuzungen, speziell von schweren Rassen im halbasiatischen Typ, sollten unbedingt unterbleiben, da sie den Genpool der Crève-Cœur irreversibel verfälschen würden. Sollten Einkreuzungen aufgrund der geringen Zuchtbasis tatsächlich einmal notwendig werden, stehen hierfür in Form der Houdan, La-Flèche oder Paduaner ausreichend nah verwandte Rassen zur Verfügung.

Darüber hinaus sollte komplett auf die Erzüchtung weiterer Farbenschläge verzichtet werden, da die bereits vorhandenen Varianten äußerst selten sind und die volle Aufmerksamkeit der aktiven Züchter benötigen.

Zwergform: Tiere der Großrasse, Zwerg-Paduaner und Zwerg-La-Flèche bildeten die Grundlage für die in den 1980er-Jahren in Deutschland erzüchtete Zwergform. Einziger Farbenschlag ist Schwarz. Zwerg-Crève-Cœur entsprechen im Wesen weitgehend der Großrasse und legen ca. 120 weiße, mindestens 35 g schwere Eier.

Breda (Kraaikoppen)

Genau wie die in Band 1 beschriebenen La Flèche wirken auch die niederländischen Breda auf den ersten Blick wie ein Haubenhuhn ohne Haube. Bei genauerem Hinsehen weisen sie sich jedoch durch das Vorhandensein einiger charakteristischer, ja geradezu definierender Merkmale eindeutig als Angehörige dieser Gruppe aus. Dies ist neben den

Hahn und Henne der Breda, wobei der deutliche Größenunterschied zwischen den beiden Geschlechtern hier sehr gut zu erkennen ist. Foto © Robert Höck

in typischer Weise aufgeworfenen Nasenlöchern im Besonderen die Kammform. Denn ihr Napfkamm basiert ebenso wie der Hörner- und Schmetterlingskamm auf der haubenhuhntypischen Doppelkamm-Anlage (D) und erinnert In seiner Ausprägung optisch sehr stark an die Kammlosigkeit der Paduaner und Holländischen Haubenhühner. Und auch die Federhaube ist zumindest in Ansätzen durchaus noch vorhanden, doch ist sie so klein, dass man hier allenfalls von einem reduzierten Schopf sprechen kann.

Herkunft und Entstehung: Benannt nach ihrer Heimatstadt Breda in Nordbrabant, sind Hühner dieses Typs, also mit Laufbefiederung und reduzierter Haube, spätestens seit dem 16. Jahrhundert bekannt. So beschreibt Aldrovandi schon 1599 ein fast kammloses, federfüßiges Huhn und auch auf dem berühmten Gemälde „De Hoenderhof" von Jan Steens aus dem Jahr 1650 sind bereits eindeutig Hühner mit solchen Attributen zu erkennen. Breda sind also uralt und haben ihren Ursprung zweifellos in osteuropäischen Haubenhuhnimporten, die in der frühen Neuzeit den niederländischen Raum über den Seeweg erreichten. Dabei haben sie als einziges westeuropäisches Haubenhuhn die Fußbefiederung der vermeintlichen Vorfahren aller Haubenhühner, der russischen Pawlowskaja, beibehalten.

Vor der Einfuhr der schweren asiatischen Hühner im 19. Jahrhundert waren die Breda eine der größten und kräftigsten niederländischen Rassen und wurden daher auch gezielt als Masthuhn genutzt. In Deutschland werden sie seit den 1870er Jahren gezüchtet.

Erscheinungsbild: Mit ihrem Napfkamm, dem kleinen Schopf, den Geierfersen, den befiederten Läufen und den säbelförmig gebogenen Sicheln des Hahns weisen die Breda eine ganze Reihe von Besonderheiten auf. Der mittelgroße Körper ist walzenförmig und relativ hochgestellt, die Ohrscheiben weiß, die Läufe je nach Farbenschlag schiefergrau bis fleischfarbig. Der Napfkamm ist eine Besonderheit dieser Rasse. Er ist eine Ausprägung der Doppelkamm-Anlage (D) und entsteht durch den Einfluss des rezessiven Faktors bd.

Der charakteristische Kopfausdruck mit dem relativ langen Schnabel, insbesondere der Hennen, hat Vergleiche mit Krähenvögeln laut werden lassen, was sich in ihrem niederländischen Namen Kraaikoppen (Krähenköpfe) niederschlägt. Und dass sie vorrangig in schwarz gezüchtet werden, hat diesen Vergleich sicherlich noch weiter befeuert. Breda sind in der Welt der Haubenhühner zweifellos etwas Besonderes und zählen mit ihrer ungewöhnlichen Merkmals-Kombination zu den außergewöhnlichsten Erscheinungen der europäischen Hühnerzucht.

Häufigster Farbenschlag sind seit jeher die Schwarzen, doch werden Breda seit Langem auch in Gesperbert, Weiß und Blau-Gesäumt gezüchtet. Anerkannt sind weiterhin Perlgraue, die aber offenbar mittlerweile verschwunden sind. Zudem gibt es Schwarzbunte, die in ihrem Zeichnungsbild an die Exchequer-Leghorn erinnern. Sie sind derzeit nur in den Niederlanden anerkannt, werden aber auch in Deutschland gezüchtet.

Leistungseigenschaften: Je nach Zuchtlinie sind 70–120 weiße, mindestens 55 g schwere Eier zu erwarten. Auch wenn die Anzahl der Eier nicht übermäßig hoch ist, legen die Hennen kontinuierlich und gelten als gute Winterleger.

Im schwarzen Farbenschlag lassen die Breda mit ihren reduzierten Kopfpunkten tatsächlich eine gewisse Ähnlichkeit zu Krähen erkennen. Foto © Robert Höck

Ein stolzer Hahn des Farbschlags Blau-Gesäumt. Man beachte den tollen Kontrast zwischen dunklem Halsgefieder und dem heller getönten restlichen Federkleid. Fotos © Robert Höck

Wesenseigenschaften: Breda sind aufgeweckte, aber keineswegs unruhige Hühner, die sich dem Menschen gegenüber in der Regel neugierig und aufgeschlossen verhalten. Sie werden sehr zahm, wenn sie vom Kükenalter an viel Menschenkontakt haben. Insgesamt sind sie agiler und aktiver als andere Haubenhühner, was sicher auch eine Folge der reduzierten Haube ist. Sie sind durchaus flugfähig, machen von dieser Fähigkeit aber recht selten Gebrauch.

Bruttrieb: Der Bruttrieb ist eher gering ausgebildet.

Empfehlungen für Zucht und Haltung: Im Vergleich zu anderen Haubenhühnern eignen sich Breda besser für die Freilandhaltung, da bei ihnen durch die stark reduzierte Haube umfassende Sichtfreiheit gewährleistet ist.

Breda sind, wie kaum eine andere Rasse, durch ursprungsfremde Einkreuzungen in ihrer Existenz gefährdet. Diese Einkreuzungen geschehen zumeist vor dem Hintergrund, dieses traditionell etwas größere Haubenhuhn im Körpervolumen weiter zu steigern, wozu dann auf schwere asiatische Rassen mit Laufbefiederung wie Croad Langschan oder Brahma zurückgegriffen wird. Diese mit den Breda komplett unverwandten Rassen verfälschen den Genpool jedoch irreversibel. Leider werden solche Einkreuzungen sowohl in Deutschland als auch in den Niederlanden verstärkt vorgenommen, sodass die Gefahr

> Kalkbeinmilben können bei allen Hühnerrassen mit **Fußbefiederung** ein oft unbemerktes Problem darstellen. Regelmäßige Kontrollen sind daher unabdingbar.

Interessanterweise sind die Breda im – für seine Korrektheit geschätzten – Geflügel-Album von Jean Bungartz (1885) mit Rosenkämmen abgebildet, was bedeuten könnte, dass noch im 19. Jahrhundert eine größere Variabilität der Kammformen vorhanden war.

Foto © Wikimedia Commons/Jean Bungartz

Dieser blau-gesäumte Breda-Hahn zeigt gut die rassetypische Lauf- und Fußbefiederung, die wohl ein Erbe der russischen Pawlowskaja ist. Foto © Robert Höck

besteht, dass auch die letzten originalen Bestände verschwinden. Dem sollte rechtzeitig entgegengewirkt werden, zumal mit den La Flèche eine geeignete Rasse für eine Genauffrischung zur Verfügung steht, sollte diese einmal notwendig werden.

Zwergform: Nachdem ein erster, 1935 begonnener Versuch nicht beendet werden konnte, starteten niederländische Züchter in den 1960er-Jahren erneut mit der Verzwergung. Dies geschah über drei parallele, später zusammengeführte Ansätze, wobei die Großrasse zweimal mit den nah verwandten Zwerg-Eulenbarthühnern und einmal mit Federfüßigen Zwerghühnern verpaart wurde. Dass es hier wirklich gelang, die Großrasse auf ein kleines Format zu übertragen, zeigt sich im Neighbor-Joining, wo sich die Zwerge klar als nächste Verwandte der Großrasse erweisen (WU et al. 2021).

Zwerg-Breda werden in Schwarz, Weiß, Gesperbert und Blau-Gesäumt gezüchtet. Sie entsprechen in ihren Eigenschaften weitgehend der Großrasse und legen zwischen 80 und 100 weiße, 35 bis über 45 g schwere Eier. Leider sind sie extrem selten.

Eulenbarthühner

Die schon im 17. Jahrhundert bekannten niederländischen Eulenbarthühner sind nahe Verwandte der Brabanter und genetisch praktisch mit ihnen identisch. Im Unterschied zu ihrer Schwesterrasse tragen sie jedoch keine Haube, sondern, wie die Breda und La Flèche, nur einen kleinen Schopf. Weitere kleinere Unterschiede bestehen in der Form des Bartes, der bei den Brabantern dreigeteilt, bei den Eulenbarthühnern jedoch ungeteilt ist, sowie der Form der Zeichnung bei den Getupften: Während das schwarze Federende bei den Brabantern v-förmig ausgebildet ist, zeigen die Eulenbarthühner einen runden bis halbmondförmigen Tupfen. Sie sind in den Farbenschlägen Schwarz, Weiß, Blau-Gesäumt, Gesperbert, Silber-Schwarzgetupft, Gold-Schwarzgetupft, Isabell-Perlgraugetupft, Zitron-Schwarzgetupft, Chamois-Weißgetupft, Goldsprenkel, Silbersprenkel, Mohrenkopf-Weiß, Mohrenkopf-Goldbraun und Mohrenkopf-Blau anerkannt. Die Legeleistung liegt bei gut 160 weißen, mindestens 55 g schweren Eiern.

Zwergform: Zwerg-Eulenbarthühner entstanden in den Niederlanden zu Beginn der 1930er-Jahre. Als Farbenschläge werden Schwarz, Weiß, Blau-Gesäumt, Gesperbert, Silber-Schwarzgetupft, Gold-Schwarzgetupft und Chamois-Weißgetupft geführt. Zusammen mit den Zwerg-Brabantern sind sie die nächsten Verwandten der Großform (WU et al. 2021). Die Legeleistung wird mit 90 weißen, mindestens 35 g schweren Eiern angegeben.

Niederländische Eulenbarthenne des schwarzen Farbschlags mit guter Ausprägung des Bartes und kleinem Federschopf als Kopfschmuck. Foto © Robert Höck

Annaberger Haubenstrupphühner

Annaberger Haubenstrupphühner sind eine relativ junge Züchtung, die in den 1950er-Jahren im Erzgebirge kreiert wurde, wobei ursprünglich Appenzeller Spitzhauben, Paduaner, Seidenhühner und gelockte Chabo verwendet wurden. Die Farbenschläge waren Schwarz, Weiß und Weiß-Schwarzgescheckt (entsprechend einer groben Tupfung). Da sich die Spur dieser Zucht jedoch verlor, erfolgte nach der Wende ein Neuaufbau aus der Kombination von Appenzeller Spitzhauben und gelockten Holländischen Weißhauben. Zur Stabilisierung der Weißen kamen später noch weiße La Flèche hinzu.

Die Rasse zeigt einen leichten, mittelhoch gestellten Landhuhntyp mit Struppbefiederung, Spitzhaube, weißen Ohrscheiben und blauen Läufen. Optisch kann man sie am besten als eine gelockte „Version" der Appenzeller Spitzhauben beschreiben. Die Legeleistung liegt bei 120 weißen bis gelben, mindestens 46 g schweren Eiern.

Sprenkelhühner

Mit den Hamburger Sprenkeln und Drenther Hühnern möchten wir nicht nur die Gruppe der „traditionellen" Sprenkelrassen komplettieren, sondern auch dazu beitragen, den Hamburger Sprenkeln endlich den Status einer eigenen Rasse zukommen zu lassen, den sie sowohl in genetischer als auch historischer Hinsicht seit Langem verdienen.

Hamburger Sprenkel

Sicher ist es nicht zuletzt der unglücklichen und auch fachlich völlig ungerechtfertigten Zusammenfassung aller eleganten, rosenkämmigen und seinerzeit in England vorkommenden Landhuhnschläge als „Hamburger" zu verdanken, dass die Sprenkel stets im Schatten der größeren und optisch auffälligeren Silberlack standen und über diesen Status auch bis heute nicht wirklich hinausgekommen sind. Das ist schade, denn sie repräsentieren zusammen mit den Friesenhühnern eine sehr alte und ursprüngliche Form der im 16. Jahrhundert aus Osteuropa eingeführten Sprenkelhühner (siehe Band 1, S. 45 und S. 57).

Herkunft und Entstehung: Wie schon ihr Name sagt, sind die Hamburger Sprenkel nahe Verwandte der ähnlich gezeichneten Friesenhühner, Ostfriesischen Möwen, Assendelfter, Brakel und Westfälischen Totleger, was mittlerweile auch molekulargenetisch sicher nachgewiesen ist (GRANEVITZE et al. 2009, WU et al. 2021).

Ihre Vorfahren gelangten in der ersten Hälfte des 19. Jahrhunderts von der Nordseeküste auch nach England, wo sie schließlich in ihrer heutigen Form gefestigt wurden. Mit den Assendelftern wird in den Niederlanden noch heute eine rosenkämmige Variante der Friesenhühner gezüchtet, die diesem Urtyp sehr nahesteht und so vermutlich den Missing Link zwischen den Friesenhühnern und Hamburger Sprenkeln bildet. Nähere Verwandtschaftsbeziehungen zu den Gold- und Silberlack oder den schwarzen Hamburgern bestehen nicht.

Die 1850 vorgenommene Zusammenfassung all dieser Züchtungen unter dem Namen „Hamburger" erfolgte also rein formal, ohne dass ein gemeinsamer Ursprung gegeben war. Die Sprenkel sind demnach als eigenständige Population zu betrachten und sollten daher auch den Status einer eigenen Rasse haben. Nach Deutschland wurden sie schon in der zweiten Hälfte des 19. Jahrhunderts importiert.

Hahn und Henne der Hamburger Zwerg-Sprenkel in der Goldvariante. Foto © Reto Giacometti

Erscheinungsbild: Hamburger Sprenkel sind elegante, voll und lang befiederte Landhühner mit Rosenkamm, langem, gerade auslaufendem Dorn, weißen Ohrscheiben und schieferblauen Läufen. Sie sind etwas kleiner und leichter als die Silberlack und entsprechen in Größe und Gewicht eher den Goldlack. Die Sprenkelung ist entweder auf goldbrauner (Goldsprenkel) oder silberweißer Grundfarbe (Silbersprenkel) ausgebildet. Die Hähne sind wie bei den Friesenhühnern und Ostfriesischen Möwen ungezeichnet. Bei beiden Farbenschlägen sind auch hennenfiedrige Hähne anerkannt.

Leistungseigenschaften: Obwohl optisch eher wie Zierhühner wirkend, sind Hamburger Sprenkel gute Leger. Die Hennen legen jährlich zwischen 150 und 170 weiße Eier mit einem Gewicht von mindestens 50 g.

Bruttrieb: Der Bruttrieb ist nur gering ausgebildet.

Wesenseigenschaften: Wie die anderen Sprenkelhühner auch sind die Hamburger Sprenkel aufmerksame und lebhafte Hühner. Sie sind gute Futtersucher und etwas zurückhaltend, können bei entsprechender Zuwendung jedoch auch zutraulich werden.

Empfehlungen für Zucht und Haltung: Grundsätzlich sind Hamburger Sprenkel weitgehend unproblematisch in Zucht, Haltung, Reproduktion und Aufzucht. Wegen ihrer Flugfähigkeit sollten die Zäune aber entsprechend hoch oder im besten Fall die Ausläufe mit einem Netz überspannt sein.

Die geringe Populationsgröße birgt zwangsläufig die Gefahr von Inzuchtdepressionen. Hier sollte zunächst ein Austausch zwischen den beiden Farbenschlägen erfolgen, bevor andere Rassen hinzugezogen werden. Falls dies tatsächlich einmal notwendig wird, bieten sich hierfür die anderen Sprenkelrassen, also die Brakel, Totleger, Möwen, Friesenhühner und Assendelfter an, nicht jedoch die übrigen, weitgehend unverwandten Hamburger Farbenschläge. Keinesfalls sollten Einkreuzungen nur zur Erhöhung der Körpergröße erfolgen. Die Sprenkel waren von Beginn an kleiner als die Silberlack und Schwarzen, und es gibt auch keinerlei Notwendigkeit, sie auf dieses Größenlevel zu bringen.

Zwergform: Die Verzwergung der Hamburger Sprenkel erfolgte erst relativ spät in den 1980er- und 1990er-Jahren. In beiden Fällen bildeten Tiere der Großrasse die Basis. Bei den Goldsprenkeln kamen Ostfriesische Zwerg-Möwen hinzu, bei Silbersprenkeln weiße Bantam. Zwerg-Sprenkel legen zwischen 120 und 140 weiße, 30–35 g schwere Eier und entsprechen in ihren Eigenschaften weitgehend der Großform.

Foto © Wikimedia Commons/Jean Bungartz

Bereits im berühmten Geflügel-Album von Jean Bungartz (1885) verkörpern die Hamburger Silbersprenkel ihren noch heute vorhandenen Typus.

Diese Zwerg-Sprenkel-Henne zeigt gut die überlange Schwanzbefiederung, die den Hennen dieser Rasse ihre elegante Erscheinung verleiht. Foto © Reto Giacometti

Drenther Huhn

Die Drenther Hühner lassen sich bis ins 17. Jahrhundert zurückverfolgen und gehören damit zu den ältesten niederländischen Rassen. Sie ähneln als leichtes, bewegliches Landhuhn mit voller Befiederung, Einfachkamm, weißen Ohrscheiben und blaugrauen Läufen im Typ den Friesenhühnern, sind jedoch etwas kräftiger.

Früher gab es zahlreiche Farbenschläge, von denen die meisten jedoch nie eine größere Bedeutung erlangten und heute wieder verschwunden sind. Die ursprünglichsten und stets bedeutsamsten sind die Wildfarbenvarianten Goldhalsig, Silberhalsig und Orangehalsig, die bei den Drenthern in Kombination mit dem Pattern gene (Pg), also in Form der Bänderung oder Mehrfachsäumung ausgebildet sind. Das lässt einen mittlerweile auch nachgewiesenen Bezug zu den Sprenkelrassen erkennen (WU et al. 2021), deren Zeichnung ebenso auf dem Pattern gene beruht, ergänzt durch den Eumelanin-Restriktor Dark brown (Db).

Es handelt sich bei den Drenther Hühnern um agile, aktive und flugfähige Tiere, die als gute Futtersucher am besten in großen Ausläufen gehalten werden. Die Hennen legen ca. 120 weiße, mindestens 50 g schwere Eier.

Zwergform: Zwerg-Drenther-Hühner wurden in den 1950er-Jahren mithilfe Holländischer Zwerghühner erzüchtet. Auch sie kommen vorwiegend in den gebänderten Wildfarbenvarianten vor.

Die ursprünglichsten Farbenschläge der Drenther Hühner sind die Gebänderten; eine Zeichnungsform, die hier von dem Paar im Vordergrund präsentiert wird.

Foto © Robert Höck

Europäische Langkräher

Mit den Berat und ihren Nachfahren, den modernen Bosnischen Krähern, stellen wir nun die dritte „klassische" Langkräherrasse des Balkanraums vor.

Berat und Bosnische Kräher

Von den europäischen Langkrähern haben die Berat außerhalb ihrer Heimat bis heute den geringsten Bekanntheitsgrad. Das ist schade, denn diese extrem seltene Rasse steht den anderen Langkrähern in puncto Ruflänge, Stimme und historischer Bedeutung in nichts nach.

Herkunft und Entstehung: Auch wenn sie keine Haube tragen, besteht an der nahen Verwandtschaft der Berat zu den Sandschak- und Kosovo-Krähern kaum ein Zweifel. Dafür sprechen neben der überlappenden Ursprungsregion der mit den Sandschak fast identische Krähruf ebenso wie Aspekte des Zeichnungsbildes. Denn auch wenn die Sandschak in zahlreichen weiteren Farbvarianten vorkommen, weist das Muster der Sprenkelung, das bei den Berat oft unter dominantem Weiß verdeckt ist, beide eindeutig als Angehörige des osteuropäischen Haushuhnzweigs aus.

Dementsprechend gehören sie auch zu den nächsten Verwandten der Bergischen Kräher, deren Dobbelung genetisch auf der Sprenkelung beruht und lediglich durch mehrere Eumelanin-Verstärker, u. a. Melanotic (Ml), ergänzt wird. Denn zweifellos waren es Tiere aus dem verwandtschaftlichen Umfeld der Sandschak- und Berat-Kräher oder vielmehr der Urform dieser beiden Rassen, die vor Jahrhunderten den Weg nach Mitteleuropa fanden. Diese Urform hat sich im Balkanraum wohl noch recht lange erhalten können, denn alte Züchter wissen zu berichten, dass die Vorfahren der heutigen Sandschak-Kräher noch in den 1960er-Jahren auch glattköpfig und mit Einfachkamm vorkamen. Und für die Bergischen ist belegt, dass im 19. Jahrhundert neben der heute gezüchteten Variante auch haubentragende, kronenkämmige Individuen in der Population vorhanden waren. Ob ein von VÖLLSCHAU (1884) beschriebenes „Bosnisches Huhn" mit großem, kurzem Rosenkamm und Haube der Missing Link zwischen dieser Urform und den Berat darstellt, muss leider unklar bleiben, da dort keinerlei Angaben zum Krähruf gemacht werden.

Die hochgestellte, aufgerichtete und etwas steilschwänzige Landhuhnform, die stark an alte

Darstellungen Bergischer Kräher erinnert und keinerlei Einfluss moderner Wirtschaftsrassen im halbasiatischen Typ erkennen lässt, spricht ebenso wie die reinweiße Schalenfarbe der Eier dafür, dass wir es hier mit einer komplett unverfälschten europäischen Langkräherrasse zu tun haben, die höchsten Status als lebendiges tierzüchterisches Kulturgut genießt. Das macht sie überdies zu einer idealen Genreserve für die seit Langem in Mitteleuropa isolierten Bergischen Kräher.

Das Ursprungsgebiet der Rasse ist in Bosnien, Montenegro und dem angrenzenden Albanien zu verorten, ihr Name leitet sich wahrscheinlich von der gleichnamigen albanischen Stadt Berat ab. In ihrer Heimat mittlerweile komplett verschwunden, verdanken sie ihr Überleben albanischen und bosnischen Auswanderern, die Ende des 19. Jahrhunderts den Balkanraum verließen und sich in der Türkei ansiedelten.

Von dort gelangten erstmals 2005 Tiere nach Deutschland, die jedoch aufgrund eines Mangels an Hennen bereits zu ca. 20 % mit Leghorn und türkischen Landhühnern verkreuzt waren. Später kamen noch in geringem Umfang Zufallskreuzungen mit Bergischen und Kosovo-Krähern hinzu. Diese Zucht wurde komplett nach Bosnien verlagert und bildet die Basis der heute dort gezüchteten und als Schaurasse anerkannten Bosnischen Kräher.

In den letzten Jahren begann dann in Deutschland ein Neuaufbau der Zucht, erneut mit türkischen Tieren. Derzeit ist die Basis aber noch äußert gering.

Um eine unkontrollierte Vermischung der beiden teils unterschiedlichen Zuchtlinien zu vermeiden, wäre es sinnvoll, die Originalform als „Berat-Kräher" von der als „Bosnische Kräher" standardisierten neueren Variante zu differenzieren.

Hier wird auf beiden Bildern deutlich, dass bei den Berat-Krähern der Größenunterschied zwischen den Geschlechtern, auch hervorgerufen durch den langen Hals und den aufgerichteten Körperbau des Hahns, ungewöhnlich groß ist.

Fotos © Robert Höck

Möglicher Stammbaum der Europäischen Langkräher

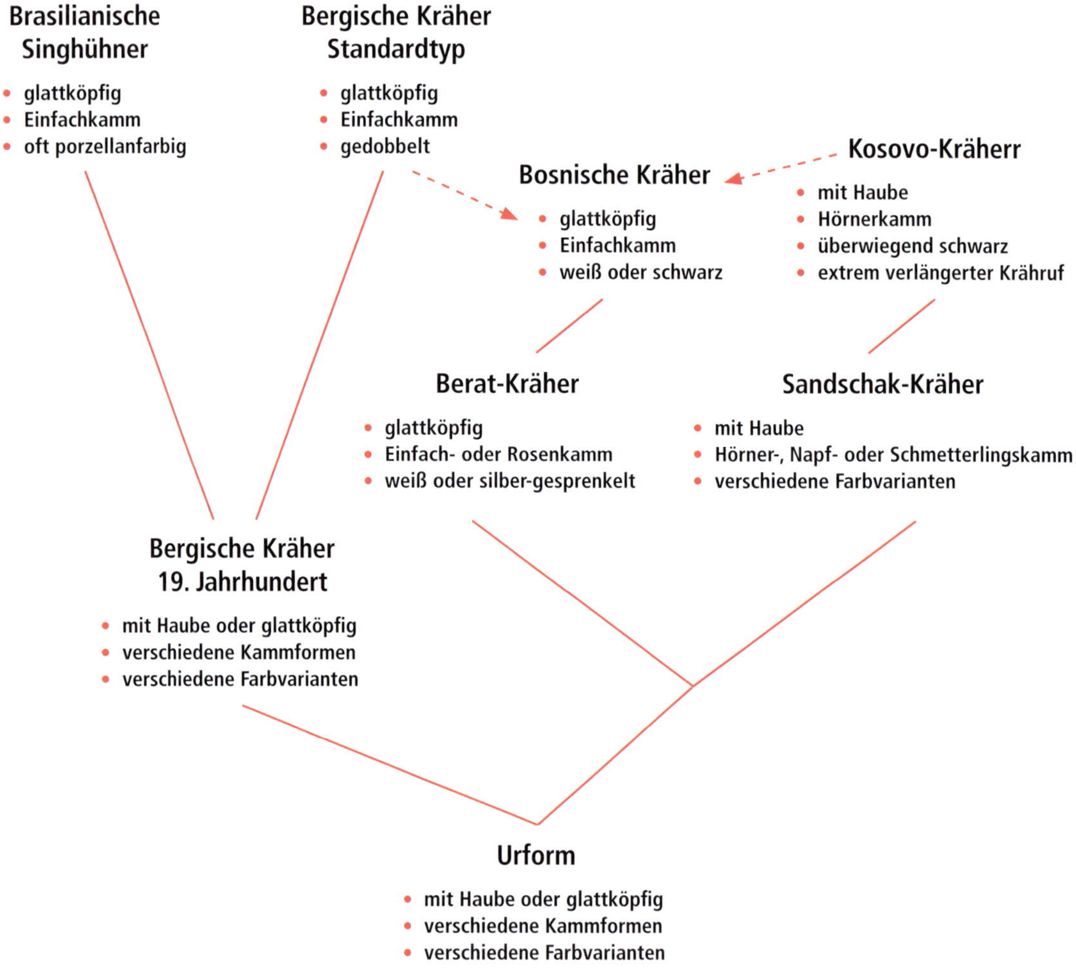

Hypothetische Verwandtschaftsbeziehungen der Europäischen Langkräher auf Basis historischer Daten und morphologischer Eigenschaften, beginnend mit der Urform des Balkanraums, die noch bis in die zweite Hälfte des 20. Jahrhunderts vorhanden war. Die Bosnischen Kräher entstanden hauptsächlich aus den Berat-Krähern unter dem zusätzlichen Einfluss von Kosovo-Krähern, Bergischen Krähern, Leghorn und türkischen Landhühnern.

Erscheinungsbild: In der Originalform sind Berat große, kräftige, hochgestellte Landhühner mit oft steiler Schwanzhaltung speziell der Hähne. Sie haben weidengrüne oder blaue Läufe, von Weiß bis Rot variierende Ohrscheiben und kräftige, relativ lange Schnäbel. Die großen, ausdrucksstarken Augen können dunkel bis fast schwarz, jedoch auch orangefarbig sein. Die Tiere tragen vielfach einen Rosenkamm, wenngleich auch Einfachkämmige in gemischten Populationen vorkommen. Die oftmals mischerbigen Rosenkämme erscheinen meist recht grob und stark strukturiert. Die Befiederung

Besonders wegen ihres verlängerten Krährufs, der für ihre Liebhaber Grund genug ist, sie zu erhalten, haben auch die Berat-Kräher bis in unsere Zeit überlebt. Foto © Robert Höck

Ein gut entwickelter, grob geperlter Rosenkamm bei einem Althahn der Berat- Kräher. Foto © Robert Höck

ist mittellang und bildet sich im Jungtieralter, ebenso wie bei den Sandschak und einigen Bergischen Krähern, erst relativ spät aus.

Neben den dominierenden Weißen gibt es als weiteren Farbenschlag Silber-Gesprenkelt (bzw. -Geflockt). Die Gesprenkelten fielen aus den Weißen an und entsprechen im Zeichnungsbild den silbernen Ostfriesischen Möwen, Hamburger Sprenkeln und Friesenhühnern.

Bei den 2005 in Deutschland etablierten und heute in Bosnien standardisierten Bosnischen Krähern dominierten, nicht zuletzt bedingt durch die diversen Einkreuzungen, von Beginn an die Einfachkämme. Durch zufallsbedingte genetische Drift verschwanden die Rosenkämme schließlich komplett, sodass diese Zuchtlinie heute ausschließlich einfachkämmig ist. Auch sonst macht sich der Einfluss der zusätzlich verwendeten Rassen bemerkbar: Im Typ entsprechen sie mehr einem klassischen Landhuhntyp mit tieferer Stellung und flacherer Schwanzhaltung, die Ohrscheiben sind (fast komplett) weiß, die Augen immer orangefarbig. Neben den Weißen entstanden als Erbe der Kosovo-Kräher auch Schwarze, aus denen gelegentlich Birkenfarbige anfallen. Die Läufe der Weißen sind im Normalfall weidengrün, die der Schwarzen und Birkenfarbigen olivgrün.

Krähruf: Der Krähruf der Berat ähnelt stark dem der Sandschak-Kräher. Er ist voluminös und stimmgewaltig, dabei tief, klar und melodisch. Die Länge liegt relativ konstant bei 15–18 Sekunden, sodass es nicht notwendig ist, viele Junghähne aufzuziehen, um gute Kräher zu erhalten. Auch kann es vorkommen, dass die Hähne, ebenso wie bei den Bergischen und Sandschak, während des Rufs langsam nach vorn schreiten und dabei den Kopf nach unten senken. Nicht selten kommt es auch vor, dass die Hennen krähen und dann dieselben Ruflängen wie die Hähne erreichen. Diese Hennen sind voll fruchtbar und für die Zucht besonders wertvoll.

Weniger einheitlich ist die Situation bei der bosnischen Zuchtform. Hier waren zu Beginn maximale Ruflängen von 10–12 Sekunden möglich. Dieses Niveau konnte jedoch nicht gehalten werden, sodass vor dem Import nach Bosnien im Jahr 2013 Längen von 7–10 Sekunden realistisch waren. Diese Werte werden auch aktuell noch in entsprechend selektierten Zuchtlinien erreicht, doch hat die Anerkennung als Schaurasse dazu geführt, dass zahlreiche Hähne heute keinen deutlich verlängerten Krähruf mehr präsentieren.

Leistungseigenschaften: Berat-Hennen sind recht gute Leger, die nicht selten mehr als 150 reinweiße Eier mit einem Gewicht von mindestens 60 g legen. Bei der Bosnischen Zuchtform wird eine ähnliche Eizahl erreicht.

Wesenseigenschaften: Sowohl Berat als auch Bosnische Kräher stehen in ihrem Wesen zwischen den zahmen Sandschak und den eher unruhigen, zurückhaltenden Bergischen Krähern. Sie können durchaus zutraulich werden, sind aber zumeist nicht so menschenbezogen wie die Sandschak. Sie sind aktiv, aufmerksam und fleißige Futtersucher. Dabei sind sie wetterhart und überstehen heiße Sommer ebenso gut wie kalte Winter. Die Hähne der Berat, zum Teil auch die Hennen, sind untereinander recht unverträglich, was sich bereits im Jungtieralter zeigt.

Eine seltene silber-gesprenkelte Berat-Henne im Garten des Autors Armin Six. Foto © Armin Six

Bruttrieb: Der Bruttrieb ist zumindest bei einem Teil der Hennen vorhanden; die Glucken verfügen über ausgezeichnete Muttereigenschaften.

Empfehlungen für Zucht und Haltung: Beide Zuchtformen sind in der Haltung weitgehend unproblematisch. Auch neigen sie nicht übermäßig zum Fliegen. An Stall und Auslauf stellen sie keine besonderen Ansprüche. Zu beachten ist lediglich die Unverträglichkeit der Berat-Hähne untereinander, die es oft notwendig macht, sie schon frühzeitig zu trennen. Will man mehrere Hähne halten, empfiehlt sich die Haltung von Paaren oder kleinen Stämmen mit zwei Hennen, was auch aus genetischer Sicht sinnvoll ist. Oft ist es auch recht schwierig, neue Hennen in eine Gruppe zu integrieren.

Das Hauptproblem bei den Berat ist derzeit die geringe Zuchtbasis. Und das betrifft nicht nur die hiesigen Bestände, sondern auch die türkischen Quellpopulationen. Durch deren geringe Größe und die mittlerweile über 100 Jahre währende Isolation machen sich erste Inzuchterscheinungen bemerkbar, die ein kontrolliertes Zuchtmanagement erfordern. Daher sollte versucht werden, Tiere aus möglichst vielen Zuchten zusammenzuführen. In der Türkei wurden Kreuzungen mit Denizli-Krähern vorgenommen, die jedoch wegen der Verschiedenheit der Krährufe nicht den gewünschten Erfolg brachten. Vielversprechender ist möglicherweise eine aktuell durchgeführte Kreuzung mit einem Hahn der nah verwandten Bergischen Kräher. Die Nachzucht ähnelt im Erscheinungsbild sehr den Berat und kräht ausgesprochen gut. Geeignete Tiere dieser Verpaarung, speziell solche mit ruhigem, zutraulichem Wesen, sind zudem prädestiniert für eine Genauffrischung der Bergischen.

Eine Standardisierung und damit einhergehend eine weitere Verringerung des Genpools sollte in jedem Fall unterbleiben. Bei der Bosnischen Zuchtlinie ist dem Erhalt gut krähender Tiere oberste Priorität einzuräumen.

West- und Mitteleuropäische Rassen

Hühner dieses Verwandtschaftskreises waren einst flächendeckend mit zahlreichen lokalen Schlägen in West- und Mitteleuropa verbreitet und bildeten hier die dominierende Haushuhnform. Seit dem Ende des 19. Jahrhunderts gingen sie jedoch stark zurück und sind heute, mit Ausnahme einiger standardisierter Rassen, nahezu komplett verschwunden oder stark überformt. Daher sind wir froh, auch in diesem Band wieder einige dieser Rassen präsentieren zu können.

Ramelsloher

Leider müssen die Ramelsloher in den letzten Jahren wieder verstärkt um Aufmerksamkeit kämpfen, obwohl es sich bei ihnen um unkomplizierte Wirtschaftshühner handelt, die eigentlich gerade zum aktuellen Selbstversorger-Boom hervorragend passen würden. Auch wenn man sich in ihrer Heimatregion Hamburg und Niedersachsen wieder sehr um Öffentlichkeitsarbeit bemüht und sie aktuell von auffallend vielen Freilichtmuseen und Tierparks gezeigt werden, handelt es sich dort vielfach um die sekundär unter dem Einfluss anderer Rassen entstandenen Gelben, während die originalen Weißen seit Jahrzehnten einen steilen Abwärtstrend zu verzeichnen haben. Bleibt also zu hoffen, dass von dieser hervorragenden Öffentlichkeitsarbeit, von welcher so manch andere alte Hühnerrasse nur träumen kann, in Zukunft auch der Original-Farbenschlag profitiert.

Herkunft und Entstehung: Ramelsloher sind Nachfahren des weißen Vierländer Landhuhns,

Diese Ramelsloher-Junghähne erfreuen den Selbstversorger mit ihren guten Nutzungseigenschaften. Foto © Robert Höck

Schöne Ramelsloher des gelben Farbenschlags zusammen mit Lakenfeldern bei Züchterin Monika. Gut erkennbar sind die typischen dunklen Knopfaugen und die blauen Läufe.

Foto © Monika Schmidt

eines alten Landschlages, der bereits vor 1780 gezüchtet wurde. Nachdem es bereits stark zurückgegangen war, begann ab 1870 eine Konstituierung der verbliebenen Bestände, wobei besonders Tiere aus dem Ort Ramelsloh, 30 km südlich von Hamburg im Norden der Lüneburger Heide, eine bedeutende Rolle spielten. Der so entstandene Typ war etwas größer und wurde um 1890 durch die Hinzunahme fehlfarbiger Andalusier zur heutigen Form entwickelt. So hat die Lüneburger Heide nicht nur die Heidschnucken als alte Nutztierrasse zu verbuchen, sondern ebenso ihre eigene indigene Hühnerrasse.

Genetisch erwiesen sich die weißen Ramelsloher als nahe Verwandte der schwarzen Bergischen Schlotterkämme und Krüper (GRANEVITZE et al. 2009), die sich ebenso wie die Ramelsloher auf mitteleuropäische Landhühner und spanische Rassen, in diesem Fall Minorka, zurückführen lassen.

Zur Steigerung des Bruttriebs kreuzte man schon in der zweiten Hälfte des 19. Jahrhunderts Cochin ein, wodurch die Gelben entstanden. Sie verschwanden jedoch bis auf eine ostdeutsche Zucht komplett und wurden in Westdeutschland ab 1985 mithilfe gelber Italiener und gelber Thüringer Barthühner neu erzüchtet.

Erscheinungsbild: Ramelsloher sind mittelhoch gestellte, kräftige Landhühner mit walzenförmigem Körper, mittellanger, voller Befiederung, mittelgroßem Einfachkamm, bläulich-weißen Ohrscheiben, dunklen markanten Knopfaugen und blauen Beinen. Die Farbvarianten sind Weiß und Gelb.

Leistungseigenschaften: Die Hennen der Weißen legen je nach Zuchtlinie 110–170, die der Gelben

Auch Jean Bungartz (1854 -1934) hat die Ramelsloher (oben) in seinem Geflügelalbum dargestellt.

Foto @Wikimedia Commons/Jean Bungartz

140–160 weiße, mindestens 56 g schwere Eier. Die historische Nutzung der weißen Ramelsloher war die „Stubenkükenzucht„. Dabei wurden die Küken schon in den Wintermonaten in der warmen Küche aufgezogen, um den Hamburger Markt ganzjährig mit Geflügelfleisch versorgen zu können.

Bruttrieb: Der Bruttrieb ist bei den Ramelslohern eher gering ausgeprägt, Glucken treten nur selten auf.

Wesenseigenschaften: Ramelsoher haben einen ausgeprägten Bewegungsdrang, sind neugierig und gute Futtersucher. Da sie prinzipiell eher vorsichtig und misstrauisch sind, ist umso erstaunlicher, wie zutraulich sie gegenüber ihrem Halter werden können. So können weiße Ramelsloher-Hennen bis zu zwei Stunden auf dem Schoß des Menschen verweilen und sich seelenruhig von der Hand des Besitzers verwöhnen lassen. Und diese Eigenschaft trifft nicht nur auf einzelne Tiere zu, sie ist umfassend im weißen Farbenschlag vorhanden. Möglicherweise handelt es sich um eine genetisch gefestigte Anpassung an die Zeit der Stubenkükenzucht, als die Tiere mit den Menschen gemeinsam „wohnten„. Bei den Gelben wurde ein solches Verhalten noch nicht beobachtet; auch gelten sie als etwas weniger aktiv.

Empfehlungen für Zucht und Haltung: Wegen des starken Bewegungsdrangs sollten die Ausläufe nicht zu klein und die Zäune entsprechend hoch sein. Ansonsten sind Ramelsloher weitgehend anspruchslos; Zucht und Reproduktion verlaufen im Normalfall unkompliziert.

Die Küken wachsen schnell heran und geben bereits in diesem Alter Hinweise auf ihr Geschlecht: Die Hähne sind forscher und zutraulicher als ihre Schwestern. Später ändert sich das und die Hähne gehen mehr auf Distanz, während die Hennen dem Menschen gegenüber zugewandter werden. Den sehr aktiven Küken sollten bereits früh viele Möglichkeiten zur Beschäftigung geboten werden wie z. B. erdnahe Stangen, auf die sie fliegen können, und Gegenstände, die als Versteck dienen. So wird verhindert, dass sie „auf dumme Gedanken" wie z. B. Federpicken kommen.

Wie bei allen west- und mitteleuropäischen Rassen sollte auch bei den Ramelslohern komplett auf ursprungsfremde Einkreuzungen verzichtet werden.

Norwegische Jaerhühner

Der skandinavische Raum ist, im Gegensatz zu Mittel-, West- und Osteuropa, nicht gerade für ein großes Repertoire an alten Hühnerrassen bekannt. Eine Ausnahme bilden die Norwegischen Jaerhühner bzw. Jærhøns, die mittlerweile auch, wenngleich extrem selten, in Mitteleuropa gezüchtet werden.

Herkunft und Entstehung: Die Basis der Jaerhühner war ein bodenständiger, robuster und eher zierlicher norwegischer Landschlag, der allein schon geografisch einen Bezug zum Verwandtschaftskreis der Dänischen Landhühner vermuten lässt. Dieser ist sicher auch gegeben, erklärt jedoch nicht die unter der Kennsperberung deutlich erkennbare

Im Vergleich zu anderen Rassen trägt der Jaerhahn seinen Hahnenschwanz auffallend steil angewinkelt.

Foto © Robert Höck

Der norwegische Hahn versteht es sichtlich gut, seine Gruppe von Jaerhennen um sich zu scharen. Er ist das Zentrum des Geschehens! Foto © Robert Höck

Anlage zur Sprenkelung sowie die durchweg gelben Läufe der Jaerhühner. Es liegt also nahe, einen zusätzlichen Input von Sprenkelhühnern und gelbläufigen italienischen Rassen, speziell den leistungsstarken Leghorn, zu vermuten.

Gestützt wird diese Vermutung durch ihre DNA, die einen moderaten Weißlegeranteil von 5 % erkennen lässt und die Jaerhühner im Neighbor-Joining an die Basis des zu den Weißlegern und Leghorn führenden Stammbaumzweigs positioniert. Weiterhin zeigt sich im Admixture ein osteuropäischer Anteil, der mit 15 % höher ist als bei mitteleuropäischen Rassen und sicher in der Urpopulation vor Hinzunahme der Leghorn (die diese Komponente praktisch nicht haben) noch höher war – ein deutlicher Hinweis auf das Mitwirken von Sprenkelhühnern, die sicherlich einst mit dem europäischen Seehandel nach Norwegen kamen. Dazu passt auch, dass die Isländischen Landhühner (die derzeit, vermutlich durch einen schlichten Übersetzungsfehler, unter dem vollkommen sinnbefreiten und ebenso fragwürdigen Namen „Isländische Landnahmehühner" bekannt werden) gleichfalls einen hohen osteuropäischen Anteil aufweisen und durch das partielle Tragen von Hauben klar als Verwandte der „Osteuropäer" erkennbar sind. Den größten Anteil des Genoms macht erwartungsgemäß das Westeuropäische Cluster aus, das mit einem Wert 75 % die basale norwegische Landhuhnkomponente wie auch die Leghorn repräsentiert.

Der heutige, moderne Typus der Jaerhühner besteht seit etwas mehr als 100 Jahren, als 1916 in der staatlich geführten Zuchtstation Bryne in Jæren eine kontrollierte, selektive Zucht begann. In diesem Kontext wurden dann wohl auch die weißen Leghorn zu Steigerung der Legeleistung hinzugenommen. Ebenso wurde die Kennfarbigkeit zu einem Hauptrassemerkmal auserkoren. Auch sie ist vermutlich ein Erbe der Leghorn, die in der Regel unter dem dominanten Weiß verdeckt den Sperberfaktor tragen. Bis 1973, als das Geflügelzuchtinstitut für immer seine Türen schloss, wurde diese Zuchtarbeit fortgesetzt. Danach wurde der Zuchtbestand an die staatliche Landwirtschaftsschule in Hvam (Kommune Nes), übertragen.

Benannt sind die Jaerhühner nach dem historischen Distrikt Jæren, welcher bis heute zu den norwegischen Landwirtschafts-Hotspots zählt. Es handelt sich um ein vergleichsweise flaches und fruchtbares Küstengebiet, das schon immer für die Hühnerzucht besonders geeignet war. Ihre Blütezeit hatten die Jaerhühner in Norwegen zweifelsfrei in den 1940er-Jahren, denn in dieser Zeit wurden sie auch in größerem Stil für die gewerbliche Eierproduktion eingesetzt. In den 1980ern wären sie dann beinahe ausgestorben und konnten nicht zuletzt durch die Bemühungen der Generhaltungsbank „Hvam Vidaregånde" in Skule gerettet werden. Inzwischen sind sie in skandinavischen Ländern wieder eine beliebte Hühnerrasse für die Hobbyhaltung. In Deutschland ist die Rasse seit 1991 vorhanden, leider jedoch extrem selten.

Erscheinungsbild: Jaerhühner verkörpern einen ursprünglichen, leichten Landhuhntyp auf gut mittelhoher Stellung. Dazu haben sie einen möglichst kleinen, wenig frostanfälligen Einfachkamm, weiße Ohrscheiben, gelbe Läufe und eine lange, fest anliegende Befiederung mit hoch getragenem Hahnenschwanz.

Das Farb- und Zeichnungsbild ist kennfarbig und wird als Gelb-Kennsperber bezeichnet, wobei die Sperberung jeweils kombiniert mit verschiedenen Gelb-, Braun- und Rottönen auftritt. In Abhängigkeit vom Braunanteil werden zwei Varianten gezüchtet, Dunkelbraun und Hellbraun. Im Gegensatz zu anderen kennfarbigen Rassen zeichnen sich die Jaerhühner durch einen besonders starken farblichen Geschlechtsdimorphismus aus. Dabei ist der Hahn im Vergleich zur Henne extrem hell gefärbt. Zusätzlich liegt unter der Sperberung noch die Sprenkelung, die das Muster partiell in Richtung einer Bänderung modifiziert.

Leistungseigenschaften: Als die Rasse noch vom Zuchtbetrieb Bryne betreut wurde, konnten Legeleistungen von bis zu 200 Eiern im Jahr attestiert werden. Aktuell sind etwa 140–160 weiße bis hell cremefarbige, im Mittel 55 g schwere Eier zu erwarten.

Bruttrieb: In der norwegischen Population ist der Bruttrieb praktisch völlig verschwunden, war aber zu Beginn der Etablierung wohl noch vorhanden. Vermutlich wurde er zur Leistungssteigerung bewusst ausselektiert. Außerhalb Norwegens gibt es einzelne Berichte von gluckenden Hennen. Die Küken sind kennfarbig, doch muss man, da alle Farben stark aufgehellt sind, schon relativ genau hinschauen, um die deutlich heller gefärbten Hahnenküken sicher ausfindig zu machen. Bei ihnen ist auch der weiße Sperberfleck am Kopf deutlich ausgeprägter, hebt sich jedoch nicht immer gut ersichtlich ab.

Empfehlungen für Zucht und Haltung: Lebhaft und leider auch manchmal etwas nervös; so kann der Charakter der Jaerhühner am besten beschrieben werden. Große Ausläufe mit hohen Zäunen bzw. Netzen oder große, geräumige Volieren sind daher klar von Vorteil. Sie werden nur zahm, wenn sich die Halter schon früh und regelmäßig mit den Küken und Junghennen beschäftigen. Jaerhühner haben auch während ihrer Ruhephasen gern alles im Blick und lieben hoch gelegene Sitzgelegenheiten sowohl im Stall als auch im Auslauf. Die Instinkte für das völlige Freilaufen sind hervorragend, die Hähne sind wachsam, und auch die Hennen können gut auf sich selbst aufpassen. Bei Gefahr fliegen sie problemlos 10–20 m weit. Zwei bis drei Meter hohe Sitzgelegenheiten werden, aus dem Stand hochfliegend, scheinbar mühelos erreicht.

Zwergform: Eine Zwergvariante entstand in den 1990er-Jahren, wird jedoch, soweit bekannt, in Mitteleuropa noch nicht gezüchtet.

(1) Zwei prächtige Jaerhühner genießen ihre mittägliche Ruhepause auf einer Sitzstange im Freigehege.

(2) Ein nicht allzu großer Einfachkamm in Kombination mit weißen Ohrscheiben und orangen Augen sind die markantesten Kopfpunkte beim Jaerhuhn. Foto © Robert Höck

Ardenner, Herve und Famenne

Die Ardennen, ein Waldgebirge zwischen Belgien und Frankreich, sind bekannt für ihre schönen Naturlandschaften und eine urige, bodenständige Landwirtschaft. Auch sind sie die Heimat für eine Reihe ganz spezieller Nutztierrassen wie etwa das Ardenner Kaltblutpferd (Ardennais), den Ardennen-Treibhund (Bouvier des Ardennes), die Rote Ardenner Pute (Rouge de Ardennes) und eben das Ardenner Huhn (Poule des Ardennes).

In seiner Heimat hat sich bis heute landläufig die Verballhornung „Wallikiki" als Bezeichnung für das Ardenner Huhn erhalten. Diese leitet sich von „Wallonisches Huhn" und dem westflämischen Begriff „Kieken" für Hühnchen ab.

Die Zwerg-Ardenner werden hier nicht als Zwergform, sondern vielmehr als ursprüngliche Variante der heutigen Ardenner betrachtet, da sie ganz offensichtlich älter sind als die aktuell gezüchtete Großform (s. u.).

Herkunft und Entstehung: Obwohl nur ein relativ kleiner Teil der Ardennen durch Belgien verläuft, wird das Ardenner Huhn heute allgemein nicht als französische, sondern als belgische Hühnerrasse wahrgenommen. In seiner ursprünglichen Form ging es auf alte Landschläge zurück, die vermutlich in verwandtschaftlichem Zusammenhang mit den Eifeler Landhühnern (den Vorfahren der heutigen Rheinländer) standen. Erstmals beschrieben und dargestellt wurde die Rasse 1882, und in den folgenden 40 Jahren konnte ein 1893 gegründeter Züchter-Klub das Huhn zu einem guten Legehuhn stabilisieren und weiterverbreiten. Durch die Konkurrenz der nach dem Ersten Weltkrieg eingeführten Leghorn gingen die Ardenner jedoch stark zurück. Auch seit 1924 durchgeführte Kreuzungen mit Leghorn konnten diesen Trend nicht bremsen, im Gegenteil, sie führten zu einem weiteren Rückgang. Um 1940 verliert sich dann ihre Spur, bis man schließlich in den 1970er-Jahren mit einer erneuten Erzüchtung begann (MOULA et al. 2012). Welche Rassen hierbei Pate standen, wird nicht genannt, doch legt allein das Erscheinungsbild nahe, dass die Zwerg-Ardenner, die ganz offensichtlich bis dahin überlebt haben, hier maßgeblich beteiligt waren. Die Ardenner wären damit ein gutes Beispiel dafür, dass die Zwergform einer Rasse durchaus als deren Ressource fungieren kann, sofern sie genetisch eng an sie angeschlossen ist. Man könnte also sagen, dass die „alten" Ardenner, zumindest partiell, in Form ihres Zwergformats weiterleben.

Zwerg-Ardenner entstanden bereits in den ersten Jahren des letzten Jahrhunderts und wurden 1907 zum ersten Mal präsentiert. Als Ausgangsbasis

Ardenner-Hühner im Farbenschlag Orangebrüstig, aufgenommen in ihrer belgischen Heimat im Levend Erfgoedpark Foto © Robert Höck

Auch in Birkenfarbig sehen die Ardenner-Hühner wirklich toll aus. Foto © Robert Höck

(1) Bei diesem kaulschwänzigen Ardenner-Hahn des Farbenschlages Orangebrüstig sind die goldenen Sattelfedern noch gut entwickelt.

(2) Das Ardenner-Huhn gibt es auch in einer kaulschwänzigen Variante, die genetisch der Schwanzlosigkeit der Kaulhühner entspricht. Fotos © Robert Höck

dienten die Großrasse, Altenglische Zwerg-Kämpfer und Bassetten. Nach belgischen Angaben (MOULA et al. 2012) haben sie beide Weltkriege überlebt und sind so die eigentlichen Nachfahren der ursprünglichen Ardenner. Trotz dieser großen kulturhistorischen Bedeutung sind sie sehr selten und benötigen dringend neue Züchter.

Erscheinungsbild: „Wallikikis" sind knapp mittelgroße Hühner mit schlankem, gestrecktem Körperbau, langer und voller Befiederung, hoch getragenem Schwanz, knapp mittelgroßem Einfachkamm und mittellangen, schiefergrauen Läufen. Mit ihren dunklen Knopfaugen, der purpurroten bis schwärzlich-roten Färbung der Kopfattribute (Kamm, Gesicht, Kehllappen) und ihren leichtfüßigen, adretten Bewegungen strahlen sie gleichermaßen etwas Edles und Stolzes aus. Nicht selten gibt genau diese „Brombeerfärbung" den Anreiz, sich als neuer Züchter sich für diese Rasse zu begeistern.

Die Hauptfarbenschläge sind Birkenfarbig und Orangebrüstig, teils auch als Silberhal-

Eine typvolle, orangebrüstige Ardenner-Henne mit deutlich erkennbarem Schwarzanflug im Gesichtsbereich. Foto © Robert Höck

Im Farbenschlag Birkenfarbig zeigt der Hahn durch sein weißes Halsgefieder und den weißen Sattelbehang einen tollen Farbkontrast. Foto © Robert Höck

sig-Schwarz und Goldhalsig-Schwarz bezeichnet. Weitere, jedoch allesamt seltene Farbschläge sind Weiß, Schwarz, Wildfarbig, Silber-Wildfarbig, Gold-Lachsfarbig und Silber-Lachsfarbig, wobei Erstere auch in Deutschland anerkannt sind.

Bei der kaulschwänzigen Variante „Sans-queue des Ardennes" verlagert sich der optische Mittelpunkt nach vorn und der eher lang gestreckte Eindruck geht verloren. Kaulschwänzige Hähne sollen möglichst gut entwickelte Sattelfedern besitzen, denn diese sorgen im Idealfall für den optischen Abschluss nach hinten. Der belgische Volksmund behauptet, der Vorteil der Schwanzlosigkeit bestehe darin, dass der Fuchs die Tiere nicht ergreifen kann, was aber sicher nicht ganz ernst gemeint ist.

Zwerg-Ardenner sind in Deutschland in Birkenfarbig und Orangebrüstig anerkannt; im Heimatland kennt man insgesamt 11 Farbvarianten.

Leistungseigenschaften: Mit etwa 160–180 Eiern im Jahr galt das Ardenner Huhn in der ersten Hälfte des 20. Jahrhunderts in Belgien als hervorragendes Legehuhn, zumal es sich teilweise als guter sommerlicher Futtersucher auf den Höfen selbst versorgte. Auch der heutigen Zuchtform werden diese Leistungsattribute zugesprochen. Die Eier sind weiß bis cremefarbig und wiegen bis zu 60 g. Durch die lange Nutzungsdauer sind Ardenner auch gut für Selbstversorger geeignet.

Die Legeleistung der Zwerg-Ardenner ist im Bereich von 120–150 weißen bis cremefarbigen, mindestens 35 g schweren Eiern einzuordnen.

Wesenseigenschaften: Ardenner gelten als bewegungsfreudig, sehr vorsichtig und sollten von klein auf an regelmäßigen Kontakt mit Menschen gewöhnt werden, um nicht zu nervösen Wildfängen zu werden. Unter beengten Platzverhältnissen fühlen sie sich zumeist nicht wohl und leiden unter Stress, wobei es aber auch hier zuchtlinienbedingte Unterschiede gibt.

Das Wesen der Zwerge entspricht weitgehend dem der Großform, sie benötigen jedoch aufgrund ihrer geringen Größe deutlich weniger Platz und sind im Allgemeinen auch zutraulicher.

Neben Gesperbert wird das Herve-Huhn hauptsächlich in den Farbenschlägen Schwarz und Blau gezüchtet, so wie hier abgebildet. Foto © Robert Höck

Bruttrieb: Der Bruttrieb kommt immer wieder zum Vorschein, wenn die Tiere sich wohlfühlen und viel Platz haben. Besonders häufig brüten Hennen, die völlig freilaufen dürfen. Dies tun sie dann gern in geschützten Ecken und Winkeln auf dem Hof. Auch bei der Zwergform ist der Bruttrieb noch regelmäßig vorhanden.

Empfehlungen für Zucht und Haltung: Ardenner sind ideale Hühner für den völligen Freilauf auf Bauernhöfen, denn sie passen super auf sich selbst auf. Auch kommen sie hervorragend mit den langen, feuchten und kalten Wintern ihrer Heimat zurecht.

Obwohl einzelne Züchter heute die Geschwänzten und Kaulschwänzigen getrennt züchten, können sie problemlos auch in gemischten Herden gehalten und gezüchtet werden. Aufgrund der Dominanz der Kaulschwänzigkeit sollte man die Elterntiere aber immer so zusammenstellen, dass wieder beide Varianten anfallen. Ganz besonders sollte die Zucht der extrem seltenen Zwerg-Ardenner gefördert und intensiviert werden, da sie wohl den Ursprungstyp genetisch am stärksten repräsentieren.

Herve und Famenne

Als Heimatregion des Herve-Huhns gilt das belgische Gebiet Herve in der Provinz Lüttich, wo es seit der Ausarbeitung eines Standards im Jahr 1896 gezielt gezüchtet wird, jedoch stets nur von einer Handvoll Liebhaber. Ursprünglich nah mit den Ardennern verwandt, überlebten nur wenige Zuchten den Zweiten Weltkrieg. Danach erfolgte eine Auffrischung mit den französischen Gascogne (MOULA et al. 2012), einer Rasse im halbasiatischen Typ, die phänotypisch den Australorps nahesteht.

Herve sind deutlich schwerer als die Ardenner und wirken von der Seite betrachtet eher quadratisch als rechteckig. Sie werden in den Farben Schwarz, Blau und Gesperbert gezüchtet. Eine dunkle Pigmentierung der Hautpartien ist zur klareren Unterscheidung von den Ardennen nicht gewünscht, jedoch teilen sie mit ihnen die dunklen Knopfaugen. Auch von ihnen gibt es eine Zwergform, die als extrem selten gilt.

Die Famenne-Hühner werden oft auch als „Weiße Ardenner" bezeichnet. Als nahe Verwandte der Ardenner waren sie vor langer Zeit in den eher schwer zu bewirtschaftenden Ebenen der Famenne, einem Gebiet im äußersten Norden der Ardennen, entstanden. Doch auch sie sind ausgestorben und wurden in den 1980er-Jahren in Referenz zu alten phänotypischen Beschreibungen aus Ardennern, weißen Bresse und Ramelslohern wieder neu konstruiert (MOULA et al. 2012). Wie die Herve sind sie schwerer als die Ardenner. Auch sie haben dunkle Augen, jedoch keine dunkle Pigmentierung der Gesichtshaut.

Zwerg-Famenner entstanden schon zwischen 1921 und 1925. Vor dem Zweiten Weltkrieg waren sie in den Provinzen Lüttich und Brabant sehr gut verbreitet, heute sind sie jedoch fast ausgestorben.

Mit jeweils ca. 160 bis zu 60 g schweren Eiern und ihrem höheren Gewicht sind sowohl die Herve als auch die Famenne denkbare Alternativen für Züchter und Halter, die Wert auf ein Zweinutzungshuhn legen.

Das Famenne-Huhn ist in Belgien ausschließlich im weißen Farbenschlag bekannt. Foto © Robert Höck

Kastilianer

Genau wie die Minorka, Spanier und Andalusier sind die Kastilianer Nachfahren des alten spanischen Landhuhns, dem sie phänotypisch bis heute noch sehr nahestehen. Seit 1955 auch in Deutschland, haben sie sich hier jedoch niemals stark verbreiten können und erleben derzeit sogar einen starken Rückgang.

Herkunft und Entstehung: Angeblich kamen die Vorfahren der spanischen „Castellana negra" bereits im 8. Jahrhundert mit arabischen Invasoren auf die Iberische Halbinsel und sollen von Anfang an auch vornehmlich schwarz gewesen sein. Das ist aber wohl eher eine Legende, denn es würde erwarten lassen, dass bei ihnen das Westasiatisch-Nordostafrikanische Cluster im Vergleich zu anderen westeuropäischen Rassen deutlich stärker ausgeprägt ist. Aber genau das ist nicht der Fall. Der Wert für diese Komponente liegt bei ihnen mit etwa 9 % unter dem der italienischen Rassen und ist bei den nah verwandten Minorka mit 3 % sogar noch niedriger. Interessanterweise zeigen jedoch andere spanische Rassen wie die Katalanier (Prat) und Villafranquina recht hohe Werte dieses Clusters, speziell, wenn man es in Relation zu den beiden europäischen Hauptkomponenten betrachtet, sodass bei diesen tatsächlich ein Einfluss arabischer Hühner denkbar ist.

Tatsache ist jedoch, dass in den vergangenen Jahrhunderten schwarze Hühner in Spanien stets auffallend häufig künstlerisch verewigt wurden, also typisch „spanisch" sind.

Um 1900 galten die Kastilianer mit einer Leistung von 160–180 Eiern als beste Legerasse Spaniens und der zeitgenössische spanische Autor Domingo Massuet y Amorós konnte sie in seinem 1902 erschienenen Geflügelbuch „Aves de corral" nicht hoch genug loben. „Der Hahn sei ohne Zweifel der Prototyp des spanischen Mannes: Groß, schlank, selbstbewusst und in seinen Bewegungen dem spanischen Adel ebenbürtig" beschrieb er diese Hühner. Ohne Zweifel war er selbst ein großer Fan dieser Rasse, die er auch liebevoll die „Könige des Geflügelgeheges" nannte. Eine offizielle Anerkennung samt Zuchtstandard erfolgte in Spanien im Jahr 1926.

Bis in die 1950er-Jahre wurden die Kastilianer zu einer intensiven Legerasse weiterentwickelt und galten in großen Teilen Spaniens als die wichtigsten Hühner für die Produktion großer weißer Eier. Es gab letztlich Spitzenhennen, die 220 Eier und mehr im Jahr legten, bevor die Zucht dann zugunsten moderner Legehybriden nachließ. Möglicherweise

(1) Bei dieser Kastilianer-Junghenne beginnt der Kamm gerade, sich „umzulegen„.

(2) Kastilianer-Junghahn mit bemerkenswertem Grünglanz im Gefieder.

Fotos © Robert Höck

Zwerg-Kastilianer entstanden unter anderen aus Zwerg-Minorka, was man diesen Tieren deutlich ansieht.

Foto © Reto Giacometti

Bereits die Küken der Kastilianer sind tiefschwarz gefärbt.

Foto © Karin Reiter

kam es während dieser Phase intensiver Selektion auf hohe Legeleistung zum geringfügigen Input von Wirtschaftsrassen asiatischer Herkunft, denn die Kastilianer zeigen, im Gegensatz zu den Minorka, einen moderaten asiatischen, speziell chinesischen Genanteil im Umfang von etwa 10 %. Ansonsten entsprechen sie genetisch weitgehend ihrer Schwesterrasse. (siehe Band 1, S. 76 f.).

Kastilianer-Hennen sind in bunten Truppen sehr unkompliziert und vertragen sich in der Regel mit allen anderen Rassen hervorragend.

Foto © Karin Reiter

Erscheinungsbild: Kastilianer sind stolze, hoch aufgerichtete Landhühner mit langer Befiederung, relativ steiler Schwanzhaltung, Einfachkamm, weißen Ohrscheiben und dunkel schieferfarbenen Läufen. Sie werden bis heute ausschließlich in Schwarz mit deutlichem Grünglanz gezüchtet.

Leistungseigenschaften: Die Spitzenleistungen von 220 Eiern, die für die erste Hälfte des 20. Jahrhunderts belegt sind, werden heute nur noch selten erreicht. Je nach Zuchtstamm sind aber immer noch zwischen 130 und 200 weiße, ca. 60 g schwere Eier zu erwarten.

Wesenseigenschaften: Aufgeweckt, intelligent und mit guten Instinkten ausgestattet, haben Kastilianer sichtlich Freude daran, sich zu bewegen, und fühlen sich dementsprechend bei Freilaufhaltung am wohlsten. Dennoch sind sie standorttreu und kommen verlässlich wieder nach Hause. Die Hähne haben seit jeher eine gewisse Neigung zur Aggressivität, können sich aber vertragen, wenn sie gemeinsam aufgewachsen sind. Auch dem Menschen gegenüber werden sie manchmal aggressiv, was aber dann wohl dem „Selbstbewusstsein des spanischen Mannes" geschuldet ist, was ja schon Domingo Massuet y Amorós einst in dieser Hühnerrasse zu sehen glaubte.

Bruttrieb: Der Bruttrieb tritt bei den Kastilianern wie bei ihren Verwandten nur in seltenen Fällen auf.

Empfehlungen für Zucht und Haltung: Im deutschen Sprachraum wurden die Kastilianer in den letzten Jahren wiederholt mit den französischen Barbezieux verpaart, die für extrem große Eier mit Rekordgewichten von über 70 g bekannt sind. Obwohl formal mit Genauffrischung begründet, ist der eigentliche Grund aber wohl eher die Verbesserung der Eigröße bzw. deren Stabilisierung bei mindestens 60 g. Zwar sind die Barbezieux zweifellos Nachkommen schwarzer spanischer Rassen, also eine weitaus bessere Wahl als z. B Australorps, die ja (leider) oft zur „Auffrischung" schwarzer europäischer Rassen verwendet werden. Andererseits besteht jedoch die Gefahr, dass es bei den Kreuzungshennen zu Legenot kommt. Es empfiehlt sich daher, primär auf die nachweislich nächsten Verwandten der Kastilianer, also die Minorka, Spanier und Andalusier, zurückzugreifen, sofern eine Auffrischung wirklich einmal nötig werden sollte.

Zwergform: Schwarze Zwerg-Kastilianer entstanden ab 1969 in Deutschland aus der Großrasse und jeweils schwarzen Zwerg-Minorka, Zwerg-Rheinländern und Holländischen Zwerghühnern. Sie entsprechen im Wesen der Großform und legen ca. 150 weiße, mindestens 35 g schwere Eier. Leider sind sie extrem selten.

Appenzeller Barthühner

Appenzeller Barthühner sind neben den Spitzhauben eine der wenigen Schweizer Hühnerrassen, die bis in unsere Tage überleben konnten. Im Gegensatz zu Ersteren tragen sie einen Bart und zeigen keine Ansätze von Hauben- oder Schopfbildung. Und anders als die im Habitus ähnlichen Thüringer Barthühner sind sie mit einem Rosenkamm ausgestattet.

Herkunft und Entstehung: Die genaue Entstehungsgeschichte der Appenzeller Barthühner ist nicht vollständig geklärt. Sicher ist, dass sie um

Appenzeller Barthühner sind tolle Hühner für große Gärten oder die Freilaufhaltung auf Bauernhöfen. Foto © Robert Höck

1860 entstanden sind, und ebenso sicher ist, dass Hauben- und Landhühner ihre Vorfahren waren. Ab Mitte des 19. Jahrhunderts wurden gehäuft italienische Landhühner vom Typ der heutigen Italiener (Livorneser) und Haubenhühner aus dem Verwandtschaftskreis der Paduaner in die Schweiz eingeführt und mit den heimischen alpinen Hühnern gemischt. Aus dieser Kombination entstand ein Landschlag mit Bart und Rosenkamm, der durch den Züchter Walter Züst aus Appenzell zu einer einheitlichen Rasse geformt wurde. Wie dies im Einzelnen geschah, ist unklar. Während nach einer Version Züst diese Konstituierung zunächst im goldhalsigen (heute rebhuhnhalsigen) Farbenschlag vornahm, besagt eine andere Geschichte, die Basis der Zucht sei die letzte auffindbare Barthenne der Region gewesen, aus der dann zunächst der schwarze Farbenschlag hervorging. Die Rebhuhnhalsigen sind nach dieser Version erst vom Enkel des Herauszüchters ab 1963 kreiert worden (WANDELT & WOLTERS 1996).

Wie dem auch sei, ihre Clusterung in der Admixture-Analyse lässt in jedem Fall die drei an der Entstehung beteiligten Hauptkomponenten erkennen: Das Osteuropäische Cluster liegt mit gut 15 % über dem Wert mitteleuropäischer Landschläge und belegt so den Einfluss der Haubenhühner.

(1) Appenzeller Barthenne im Farbenschlag Rebhuhnfarbig

(2) Appenzeller Barthenne im Farbenschlag Schwarz

(3) Appenzeller Barthenne im Farbenschlag Blau-gesäumt

(4) Dieser Appenzeller Barthahn im schwarzen Farbenschlag zeigt einen intensiven Grünlack im Gefieder.

Fotos © Robert Höck

Ebenso über dem mitteleuropäischen Durchschnitt ist das Westasiatisch-Nordostafrikanische Cluster mit knapp 10 % angesiedelt, höchstwahrscheinlich ein Erbe der italienischen Landhühner. Dominierend mit knapp 65 % ist die westeuropäische Komponente, beigesteuert sowohl durch die indigenen als auch die italienischen Landschläge. Erhöht wurde dieser Wert zudem durch die Einkreuzung von Rheinländern, die dazu geführt hat, dass diese in der Neighbor-Joining-Analyse zu den nächsten Verwandten der Appenzeller zählen. Weiter hinzu kommt ein ostasiatischer Anteil von 10 %, der möglicherweise auf Einkreuzungen schwarzer Thüringer Barthühner (siehe Band 2, S. 64) zurückgeht.

Erscheinungsbild: Appenzeller Barthühner zeigen eine kräftige, annähernd rechteckige und leicht abfallende Landhuhnform mit voller Befiederung, gerade auslaufendem Rosenkamm, kleinen weißen Ohrscheiben und blauen bis schwarzen Läufen. Charakteristisches Merkmal ist der ungeteilte Kinn- und Backenbart, der die empfindlichen Stellen des Gesichts bedeckt und vor Kälte schützt. Zu den Schwarzen und Rebhuhnhalsigen kamen in den 1980er-Jahren noch die Blau-Gesäumten hinzu.

Leistungseigenschaften: Die Legeleistung wird allgemein mit 150 weißen, mindestens 55 g schweren Eiern angegeben. Beachtenswert ist, dass die Hennen bis ins hohe Alter noch regelmäßig legen.

Wesenseigenschaften: Appenzeller Barthühner sind vitale, robuste und anspruchslose Landhühner. Durch Bart und Rosenkamm sind sie gut an kalte Klimabedingungen angepasst. Sie sind weder auffallend zahm noch übermäßig schreckhaft, zudem verträglich und nicht zu starker Aggression neigend.

Bruttrieb: Der Bruttrieb ist bei den Hennen mit mittlerer Frequenz vorhanden, scheint aber in erster Linie bei schwarzen und blauen Stämmen aufzutreten.

Empfehlungen für Zucht und Haltung: Als robuste Landhuhnrasse stellen Appenzeller Barthühner keine besonderen Ansprüche an Stall, Auslauf und Haltung. Auch sind sie fleißige Futtersucher. Dürfen sie frei laufen, erobern sie sich zuweilen einen recht großen Aktionsradius, doch auch mit begrenzten Flächen kommen sie gut zurecht, wenn sie von Jugend an daran gewöhnt sind. Wer nachhaltige und langlebige Hühner sucht, liegt bei den bärtigen Appenzellern also zweifellos richtig.

Zwergform: Appenzeller Zwerg-Barthühner wurden in den 1990er-Jahren aus Thüringer Zwerg-Barthühnern und Zwerg-Rheinländern in den Farbenschlägen schwarz und rebhuhnhalsig erzüchtet.

Sie sind etwas ruhiger als die Großform und legen ca. 120 hell cremefarbige Eier mit einem Gewicht von mindestens 35 g.

Kaulhühner

Schwanzlosigkeit ist auch bei europäischen Landhuhnschlägen seit Jahrhunderten bekannt. Schon der Naturforscher Aldrovandi erwähnt um das Jahr 1600 Hühner dieses Typs, wobei der mundartliche Begriff „Kaulhuhn" so viel wie Kugelhuhn bedeutet. Nachdem die Rasse in Deutschland verschwunden war, erfolgte 1974 ein neuer Import aus den Niederlanden. Dabei handelte es sich um die schwanzlose Variante des Drenther Huhns (siehe S. 21), einer alten niederländischen Rasse mit vorwiegend gebänderter Zeichnung, die in nahem Verwandtschaftsbezug zu den Sprenkelhühnern steht. Durch Hinzunahme unterschiedlicher Rassen entstanden dann die zahlreichen heutigen Farbenschläge, was eine systematische Einordnung der Rasse erschwert.

Kaulhühner zeigen eine knapp mittelgroße Landhuhnform mit Einfachkamm, weißen Ohrscheiben

(1) Ein goldhalsiger Zwerg-Kaulhahn bei Jungzüchter Fabian zeigt anschaulich, dass das „Hinterteil" beim Hahn optisch mit den Sattelfedern enden soll.
(2) Ein vitales Zwerg-Kaulhuhn im Farbenschlag Goldhalsig. Fotos © Fabian Weber

und dunkel schieferblauen bis fleischfarbigen Läufen. Sie sind in nahezu allen bei europäischen Rassen vorkommenden Farben und Zeichnungen anerkannt, so in den Wildfarbenvarianten, Einfarbig in verschiedenen Ausprägungen, Gesperbert, Getupft, Gesprenkelt, Geflockt und Gebändert. Auch können sie mit Schopf vorkommen.

Die Legeleistung liegt im Bereich von ca. 150 weißen, mindestens 53 g schweren Eiern.

Auch bei Landzwerghühnern war Schwanzlosigkeit seit Langem verbreitet, sodass die Konstituierung der Zwerg-Kaulhühner ab 1926 erfolgen konnte. Sie sind also ursprünglich nicht die Zwergform der großen Kaulhühner. Die Zwerge sind von zutraulichem Wesen und zeigen das gleiche Farbschlagrepertoire wie die Großrasse. Ihre Legeleistung ist bei ca. 90 weißen, mindestens 30 g schweren Eiern einzuordnen.

Barbezieux

Die aus der Region Charente im Südwesten Frankreichs stammenden Barbezieux sind zweifellos spanischen Ursprungs, was durch den gesamten Habitus wie die (wenn auch außerordentlich schwere) Landhuhnform, die voluminösen Einfachkämme und Kehllappen, die großem weißen Ohrscheiben, die schieferblauen Läufe sowie die schwarze Gefiederfarbe eindrücklich belegt wird. Die schon im 17. Jahrhundert bekannte Rasse wurde um 1890 vereinheitlicht und seit 1905 von einem Klub betreut, der sich 1907 dem Französischen Zuchtverband anschloss. In den 1970er-Jahren war sie fast verschwunden, bevor man in den frühen 1980ern Tiere der letzten drei verbliebenen Zuchten sammelte und einen Neuaufbau startete, in den auch Minorka und geeignete schwarze Hähne und Hennen, die man 1982/83 auf lokalen Geflügelmärkten kaufte, mit einbezogen wurden.

Große Kehllappen, dunkelbraune Augen und weiße Ohrscheiben charakterisieren den Kopf des Barbezieux-Hahns. Foto © Robert Höck

Babezieux sind bekannt für ihre außerordentlich großen, im Regelfall weißen Eier, die ein Mindestgewicht von 70 g haben und im zweiten Jahr sogar bis zu 100 g wiegen können. Im ersten Jahr sind ca. 170 Eier zu erwarten.

Eine gold-weizenfarbige Penedesenca-Henne mit leicht umliegender Kammfahne und gräulichen Läufen.

Foto © Robert Höck

Penedesenca

Die katalanischen Penedesenca sind erst sehr spät in Deutschland erschienen und bis heute praktisch kaum bekannt geworden. Und das, obwohl ihr herausragendes Merkmal, die tief dunkelrotbraune Eischalenfarbe, die im besten Fall sogar noch jene der Marans übertreffen kann und für eine Rasse europäischen Typs einzigartig ist, doch eigentlich Grund genug sein sollte, ihnen eine vergleichbare Popularität zukommen zu lassen. Hinzu kommt, dass es sich bei ihnen möglicherweise um die älteste Rasse in Europa handelt, die dieses besondere Merkmal aufweist und es von ihr erst auf die anderen Leger dunkelrotbrauner Eier übertragen wurde.

Penedesenca werden in ihrer Heimat schon seit Jahrhunderten gezüchtet und gehören zu den ältesten spanischen Rassen. Wo ihre spezielle Eischalenfarbe herkommt und seit wann sie dieses Merkmal aufweisen, ist unklar, doch gilt sicher, dass sie oder ein mit ihnen sehr nah verwandter Landschlag es an die heutigen Empordanesa weitergegeben hat. Und auch ein Zusammenhang mit den Marans ist nicht auszuschließen, denn nicht umsonst wird immer wieder darauf hingewiesen, dass die Vorfahren der Marans zum Teil durch den Seehandel an die französische Atlantikküste gelangt seien.

Penedesenca verkörpern eine ursprüngliche Landhuhnform mit etwas abfallender Haltung, hoch getragenem Schwanz und voller Befiederung. Die Läufe sind graublau, die Ohrscheiben weiß, wobei z. T. rote Umrandungen oder Einlagerungen vorkommen. Diese Merkmalskombination legt zusammen mit dem Alter der Rasse nahe, dass sie dem Verwandtschaftskreis der westeuropäischen Rassen zuzuordnen ist, obwohl ihre Eischalenfarbe für diese Gruppe extrem untypisch ist. Als weitere Besonderheit in diesem Kontext weichen sie als einzige europäische Hühnerrasse auch von der Regel „weiße Ohrscheiben = weiße Eier, rote Ohrlappen = braune Eier" in eklatanter Weise ab. Mit ihren als Clavel (Nelke) bezeichneten seitlichen Auswüchsen der Kammfahne (Kreuzfahne) weisen sie ein weiteres außergewöhnliches Merkmal auf, dass sie ansonsten nur mit ihren Verwandten, wie z. B. den Empordanesa teilen. Farbvarianten sind Schwarz, Rebhuhnfarbig-Gebändert, Gold-Weizenfarbig und Kennfarbig. Die Legeleistung des aktiven und lebhaften Huhns wird mit 190 ca. 60 g schweren Eiern angegeben.

Leider ist die Rasse in Mitteleuropa ausgesprochen selten und es wäre zu wünschen, dass dieses uralte tierzüchterische Kulturgut auch hier die ihm zustehende Beachtung finden würde.

Ostmediterrane und Westasiatische Rassen

Im Ostmediterranen und Westasiatischen Raum gibt es, ebenso wie in Südosteuropa, immer noch Hühnerrassen, die einer breiten Öffentlichkeit nicht bekannt sind. Ausnahmen davon sind die bereits präsentierten Denizli Kräher, die beiden Sizilianischen Hühnerrassen und nicht zuletzt die nun vorgestellten Fayoumi und Dandarawi.

Fayoumi

Zu den faszinierendsten Hühnerrassen überhaupt zählt zweifellos das Huhn aus der ägyptischen Oase Al Fayoum südlich von Kairo, zeigt es doch eine klassische Sprenkelung außerhalb des typischen Verbreitungsgebiets dieser vorwiegend europäischen Zeichnungsform.

(1) Man beachte die stolze Aufrichtung des Fayoumi-Hahns mit der extrem angewinkelten Schwanzhaltung. Foto © Adobe Stock/Almas

(2) Typvolle Fayoumi-Henne mit elegantem Habitus und breit gefächert getragenem Schwanz. Foto © Adobe Stock/Erni

Herkunft und Entstehung: Belegbare Quellen zur Herkunft der Fayoumi liegen nicht vor. Hinweise liefert lediglich die im Heimatland auch gebräuchliche Bezeichnung „Bigawi„, die sich auf die an die Dardanellen angrenzende Region „Biga" (oder veraltet Bigha) bezieht und so einen türkischen Ursprung nahelegt. Und, ob nun Zufall oder nicht, noch bis in jüngste Zeit konnten in der Westtürkei nahe Izmir, also unweit der be-

Eine Truppe freilaufender Fayoumi-Hennen auf Futtersuche in den Straßen ihrer ägyptischen Heimat.

Foto © Adobe Stock/Almas

sagten Region, tatsächlich Landhühner mit exakt demselben Zeichnungsbild vorgefunden werden (SIX 2005).

Umso überraschender erscheinen vor diesem Hintergrund die Ergebnisse der molekulargenetischen Typisierungen im SYNBREED-Projekt. Denn ein näherer Bezug zu den europäischen Sprenkelrassen lässt sich nicht erkennen und auch die Verwandtschaftsbeziehungen zu den türkischen Rassen oder den vergleichbar gezeichneten Sizilianischen Kronenkämmen sind nur eher weitläufig. Stattdessen reihen sich die Fayoumi sowohl in der Neighbor-Joining- als auch der Admixture-Analyse klar innerhalb der Populationen Nordostafrikas und des Nahen Ostens ein, wobei, und das ist die nächste Überraschung, nicht etwa die ebenfalls ägyptischen Dandrawi oder andere nordostafrikanische Rassen ihre nächsten Verwandten sind, sondern die pakistanischen Desi, mit denen sie im Neighbor-Joining einen gemeinsamen Zweig bilden, an dessen Basis die israelischen Bedouin stehen. Wie ist das möglich?

Aufschluss darüber liefert ein einfacher Blick auf deren Erscheinungsbild. Denn bei den Desi handelt es sich um ein einfachkämmiges Landhuhn mit blauen oder grünen, teils auch gelben Läufen, das auffallend häufig mit gesprenkeltem Gefieder vorkommt. Und auch die Bedouin, besser bekannt unter dem Namen „Israeli Baladi Chicken„, verkörpern einen ähnlichen Typ, der als Zeichnung eine Bänderung bzw. Mehrfachsäumung (hervorgerufen durch das Pattern gene Pg), also die genetische Grundlage der Sprenkelung (Pg Db) zeigt.

Diese drei Rassen gehören ganz offensichtlich zu einem Zweig gesprenkelter Hühner, der aus dem Nahen Osten zunächst ins nahe gelegene Ägypten und von dort später bis nach Pakistan verbreitet wurde. Denn anders lässt sich kaum erklären, warum zwei geografisch weit voneinander entfernte Population wie Fayoumi und Desi derart nah miteinander verwandt sind und eine Rasse mit eindeutig nahöstlicher genetischer Komposition in Pakistan vorkommt, wo eigentlich das südostasiatische Cluster dominieren müsste.

Mehr noch: Die Ergebnisse legen nahe, dass es sich bei der Sprenkelung um ein sehr altes Zeichnungsmuster handelt, das schon vor der Ausbreitung nach Europa in Westasien vorhanden war und von dort in den osteuropäischen Zweig weitergetragen wurde, in dem sich dann die europäischen Sprenkelrassen und, infolge weiterer Mutationen und neuer Genkombinationen, schließlich die getupften Haubenhühner herausbildeten. Das ist zumindest wahrscheinlicher als die Annahme, dass europäische Sprenkelhühner mehrfach in den Nahen Osten verbracht wurden, sich dort durch sukzessive Kreuzungen dem lokalen Genpool anglichen, ihr Erscheinungsbild dabei aber beibehielten.

In Ägypten starteten in den 1940er-Jahren Programme zum Erhalt und zur Verbesserung der Rasse mit nachfolgender Verteilung an lokale Bauern, bevor 1984 auch ein Import nach England erfolgte.

In ihrer Heimatregion sind Fayoumi in erster Linie Nutzhühner. Sie wurden in zahlreiche Länder Afrikas und Asiens als klimatisch gut angepasste Rasse für kleinere und mittlere landwirtschaftliche Betriebe verbreitet, wobei Aufzuchtgruppen von mehreren hundert Tieren durchaus nicht selten sind. Vermutlich erklärt sich durch diese Importe auch die optische und genetische Nähe zu den pakistanischen Desi.

Erscheinungsbild: Fayoumi sind kleine, leichte, ursprüngliche Landhühner mit voller Befiederung und relativ hoch getragenem Schwanz. Sie haben einen höchstens mittelgroßen Einfachkamm, weiße bis rote Ohrscheiben und meist blaugraue Läufe, wobei gelegentlich auch grünläufige Individuen vorkommen. Ihre Zeichnung entspricht genetisch jener der Brakel und Westfälischen Totleger, d. h., sie ist sowohl bei der Henne als auch beim Hahn ausgebildet. Als Grundlage liegt somit die Birkenfarbe E^R vor und nicht, wie bei Friesenhühnern oder Ostfriesischen Möwen, die Wildfarbe (e^b bzw. e^+). Die Erbformel lautet dementsprechend E^R Pg Db. Farbvarianten sind Silber- und Gold-Gesprenkelt. Auch die Kükenzeichnung entspricht jener der Sprenkelhühner.

Leistungseigenschaften: Nicht zuletzt durch die gezielten Zuchtprogramme im Heimatland sind Fayoumi sehr gute Legehühner, die zwischen 150 und 200 weiße bis cremefarbige, maximal mittelgroße Eier legen. Sie sind sehr frohwüchsig und die Hennen beginnen bereits im Alter von gut vier Monaten mit dem Legen. Extrem hoch sind auch die Raten für Fruchtbarkeit (über 95 %) und Schlupf.

Wesenseigenschaften: Fayoumi sind agile, lebendige und flugtüchtige Hühner mit einem ausgeprägten Bewegungsdrang. Sie lassen sich nur ungern fangen, können bei entsprechender Zuwendung aber durchaus zahm werden. Sie sind ausgezeichnete Futtersucher, die sich bei entsprechend großem und strukturiertem Auslauf einen Großteil ihres Futters selbst suchen können. Die Hähne sind untereinander recht gut verträglich.

Bruttrieb: Der Bruttrieb ist bei Fayoumi-Hennen grundsätzlich vorhanden, tritt aber nicht in jedem Fall und frühestens im Alter von zwei bis drei Jahren in Erscheinung.

Empfehlungen für Zucht und Haltung: Fayoumi sind äußerst hitzeresistent und besonders gut an tropisches und subtropisches Klima adaptiert, können sich aber auch leicht auf andere Klimate einstellen. Zudem haben sie im Vergleich zu anderen Rassen nur einen geringen Futterbedarf.

Geradezu legendär ist ihre Resistenz gegenüber Krankheiten, die bereits seit den 1940er-Jahren im Fokus der Forschung steht. Seinerzeit wurden im Rahmen eines entsprechenden Projekts Bruteier in die USA importiert, die Nachkommen mit heimischen Rassen gekreuzt und zu weiteren Forschungszwecken erhalten. Dabei erwies sich die Rasse als deutlich resistenter gegenüber Viren und Bakterien als die amerikanischen Züchtungen. Darüber hinaus konnte in den 1990er-Jahren eine französische Untersuchung zeigen, dass Fayoumi vollständig resistent gegenüber Kokzidien sind (PINARD-VAN DER LAAN et al. 1998). Mittlerweile ist weiterhin bekannt, dass sie auch gegen Salmonellen, Leucose, die Marekscha Krankheit und die Newcastle Disease immun sind (SCHILLING et al. 2019).

Sie sind so ein Paradebeispiel dafür, dass alte Haustierrassen eine unverzichtbare Ressource für die Wirtschaftsgeflügelzucht und die Haustierzucht im Allgemeinen sein können.

Wegen ihrer starken Aktivität und ihres lebhaften Wesens eignen sich Fayoumi besser für große Ausläufe als für kleinere Gehege. Denn wenn sie ihrem ausgeprägten Bewegungsdrang nicht nachkommen können, besteht die Gefahr, dass sich unschöne Verhaltensweisen wie z. B. Federpicken einstellen können. Wegen ihrer Flugfähigkeit sollten die Umzäunungen sehr hoch bzw. mit einem Netz überspannt sein. Neue Tiere sollten zunächst im Stall bzw. Gehege gehalten werden und sich an die neue Umgebung gewöhnen, bevor man sie in den Auslauf lässt. Andernfalls versuchen sie umgehend zu entkommen.

Aufgrund ihrer außergewöhnlichen Eigenschaften (Hitzetoleranz, geringer Futterbedarf) und nicht zuletzt wegen ihrer einmaligen Krankheitsresistenz, sollten Fayoumi unbedingt in unverfälschter Form erhalten werden. Jegliche Einkreuzung anderer Rassen birgt die Gefahr, dass diese Eigenschaften verwässern oder im schlimmsten Fall sogar verloren gehen. Daher sollten solche Experimente, auch mit den optisch ähnlichen Sprenkelhühnern, grundsätzlich und in jedem Fall unterbleiben.

Zwergform: In England gibt es eine Zwergform, deren Größe in etwa kleineren Urzwergen entspricht.

Dandarawi

Eine weitere ägyptische Rasse sind die in jeglicher Hinsicht außergewöhnlichen Dandarawi. Bei ihnen handelt es sich um ein sehr leichtes, bewegliches Landhuhn mit voller Befiederung, recht hoch getragenem Schwanz, weißen bis roten Ohrscheiben und hellgelben Läufen. Als Besonderheit zeigen sie oft einen reinerbigen Kronenkamm, wie ihn auch die Sizilianischen Kronenkämme haben, und sind darüber hinaus vielfach fünfzehig. Daneben gibt es in der Population aber auch einfachkämmige und vierzehige Tiere. Als weiteren „Kopfschmuck" tragen einige Tiere zusätzlich einen Schopf. Einziger Farbenschlag ist Silber-Weizenfarbig.

Im Heimatland wird, ebenso wie für die Fayoumi, eine staatliche Erhaltungszucht in der Oase Fayoum und in der Universität Assuit betrieben. Nach dortigen Angaben sind die Tiere weitgehend krankheitsresitent und kommen mit Temperaturen von über 40° C besser zurecht als andere Rassen. Sie legen 140–160, teilweise sogar bis zu 200 weiße bis leicht gelbliche, 48–55 g schwere Eier. Befruchtungs- und Schlupfraten sind gut, die Küken sind frohwüchsig, frühreif und befiedern sich schnell.

Ebenso wie andere leichte Landhuhnrassen sind Dandarawi durchaus flugtüchtig, was bei der Gestaltung der Ausläufe Berücksichtigung finden sollte. Sie sind lebhaft, robust, vital und eifrige Futtersucher. Trotzdem können sie, wenn man sich intensiv mit ihnen beschäftigt, sehr zutraulich werden. Gelegentlich neigen die Hennen auch zum Brüten.

Bei diesem ägyptischen Dandarawi-Hahn ist der aus zwei Blättern bestehende Kronenkamm gut ersichtlich.

Foto © Armin Six

Genetisch ordnen sich die Dandarawi klar in die Gruppe der nahöstlichen Rassen ein. Dementsprechend dominiert bei ihnen das Westasiatisch-Nordostafrikanische Cluster mit ca. 40 %, gefolgt von der westeuropäischen Komponente mit gut 35 %. Geringere, aber immer noch deutliche Werte zeigen das Osteuropäische und das Südostasiatische Cluster mit ca. 15 % bzw. 10 %.

Auch in Deutschland wurde die Rasse seit den 1980er-Jahren gezüchtet, ist aber mittlerweile wohl leider verschwunden.

Europäische Urzwerghühner

Wurden bisher eher die häufigeren Vertreter der Europäischen Urzwerge wie die Sebright, Bantam, Antwerpener Bartzwerge oder Federfüßigen Zwerge vorgestellt, stehen nun die deutlich selteneren Bassetten und Ruhlaer Zwerg-Kaulhühner sowie einige bunte Landzwerge im Fokus unserer Darstellung.

Bassetten

Leider zählen die Bassetten zu den eher wenig bekannten Vertretern der ansonsten durchweg beliebten Gruppe der Urzwerge. Das ist schade, denn es handelt sich bei ihnen um überaus robuste und pflegeleichte Hühnchen mit ganz speziellen, eher selten auftretenden Farbschlägen, die ihrem Halter und Züchter viel Freude bereiten können.

Herkunft und Entstehung: Die genaue Herkunft der Bassetten ist wie die vieler Landzwergrassen bis heute nicht vollständig geklärt. Eine der Ursachen ist, dass die früher einfach als „Landzwerge" bezeichneten kleinrahmigen Hühner, die auf den Bauernhöfen traditionell frei laufend gehalten wurden und sich während der wärmeren Jahreshälfte teils selbst versorgen mussten, in der alten Geflügelliteratur weitgehend unbeachtet blieben.

So waren auch die Vorfahren der heutigen Bassetten noch im 19. Jahrhundert auf belgischen und niederländischen Höfen weit verbreitet. Aus diesen Tieren wurden dann in Lüttich ab 1914 die modernen Bassetten in verschiedenen Farbenschlägen gefestigt, wobei die wachtelfarbigen Varianten stets die häufigsten waren. Obwohl 1917 der Bassette-Club gegründet wurde, ging die Zucht durch den Zweiten Weltkrieg stark zurück, sodass die verbliebenen Bestände mit anderen belgischen Rassen „aufgefrischt" werden mussten. Dadurch wurden die Bassetten etwas größer, bevor sie 1958 auch nach Deutschland eingeführt wurden.

Hinweise auf ihre Herkunft bzw. verwandtschaftliche Einordnung liefert ihr häufigstes Zeichnungsbild. Die Wachtelfarbe ist speziell bei belgischen und niederländischen Rassen verbreitet und kommt bei den Brabanter Bauernhühnern, Belgischen Bartzwergen und, in abgewandelter Form, bei den ebenfalls aus

Im Farbenschlag Wachtelfarbig ist dieser Bassetten-Hahn ganz in Schwarz und Gold gehalten.

Foto © Adobe Stock/ Eric Isselée

Perlgrau-Silberwachtelfarbig nennt sich diese außergewöhnliche Farbkombination als Besonderheit der Bassetten.

Foto © Adobe Stock/ Eric Isselée

(1) Eine Truppe von Bassetten in den Farbenschlägen Silber-Wachtelfarbig und Perlgrau-Silberwachtelfarbig.

(2) Charakterlich sind Bassetten sehr aufgeweckte und neugierige Hühner, die trotz ihrer geringen Größe auch auf sich selbst aufpassen können.

Fotos © Robert Höck

diesem Raum stammenden Lakenfeldern vor. Es liegt also nahe, eine gemeinsame Quelle aller dieser Rassen zu vermuten. Die ältesten Hinweise zur Wachtelfarbe finden sich bei den Brabanter Bauernhühnern, die bereits auf Gemälden belgischer und niederländischer Meister des 17. Jahrhunderts dargestellt sind.

Darüber hinaus könnten zusätzlich die Belgischen Zwerghühner (La Naine belge), nahe Verwandte der Holländischen Zwerghühner, an der Entstehung der Bassetten mitgewirkt haben.

Erscheinungsbild: Die Bassetten repräsentieren den Typ eines klassischen westeuropäischen Legehuhns im Kleinformat. Sie haben kleine bis mittelgroße Einfachkämme, weiße Ohrscheiben, rötlich-dunkelbraune Augen, hellgraue bis dunkel schiefergraue Läufe und eine lange, volle Befiederung. Der Hahnenschwanz ist reich besichelt, sodass die bei älteren Hähnen nicht selten überlang entwickelten Hauptsicheln am Boden schleifen.

Die Wachtelfarbe (siehe Band 2, S. 61 f.) kommt bei den Bassetten primär in den Varianten Gold und Silber vor, ist mittlerweile aber in Deutschland auf Basis von Perlgrau auch in der Silbervariante (Perlgrau-Silberwachtelfarbig) anerkannt, was, soweit bekannt, bei keiner weiteren Hühnerrasse der Welt zu finden ist. In anderen europäischen Ländern sind zudem die Farbvarianten Weiß-Wachtelfarbig, Weiß, Schwarz, Blau-Gesäumt, Gelb, Weiß-Schwarzcolumbia, Gelb-Schwarzcolumbia,

Goldfarbig, Silberfarbig, Goldhalsig, Gold-Porzellanfarbig und Gold-Blauporzellanfarbig vorhanden.

Leistungseigenschaften: Die Legeleistung schwankt je nach Stamm und Farbschlag zwischen 70 und 120 weißen Eiern, wobei das für Urzwerge enorm hohe Eigewicht von mindestens 40 g hervorzuheben ist. Bassetten-Hennen legen, Berichten von Liebhabern zufolge, auch im höheren Alter von vier bis sieben Jahren noch jedes Jahr in den Frühlingsmonaten 30–50 Eier und können so letztlich auf eine Lebensleistung von über 500 Eiern kommen!

Zwei rassetypische Bassetten-Hähne in Silber-Wachtelfarbig Foto © Robert Höck

Wesenseigenschaften: Trotz ihrer angeblichen und in älterer Fachliteratur immer wieder angeführten Abstammung von „halbwilden" Landschlägen sind die heutigen Bassetten erstaunlich ruhig und zutraulich. Bei Aufzucht mit viel Menschenkontakt werden sie handzahm und entwickeln ein überaus neugieriges und am Halter interessiertes Wesen. Zugleich handelt es sich auch um umtriebige und tüchtige Futtersucher mit hohem Bewegungsdrang und ausgezeichnetem Flugvermögen, welches nicht nur in Gefahrensituationen zur Schau gestellt wird, sondern auch, wenn Nachbars Garten interessanter aussieht als der eigene.

Bruttrieb: Im 19. Jahrhundert und ebenso noch zu Beginn des 20. Jahrhunderts wurden die Bassetten in ihrer Heimat als Ammen für die Wildgeflügelbrut und -aufzucht eingesetzt, teilweise sogar in recht großem Umfang. Unzählige Fasane und Rebhühner erblickten so das Licht der Welt, aber auch die Eier größerer Wirtschaftsrassen wurden den geduldigen Bassetten-Glucken immer wieder untergeschoben. Bis heute ist der Bruttrieb hervorragend, kommt aber häufig erst ab der zweiten Legeperiode zum Vorschein. Die Glucken führen eher kurz und neigen dazu, nach der Abnabelung direkt noch ein zweites Mal zu brüten, in guten Saisons sogar bis zu dreimal. Die Bassetten-Küken sind aufgrund der überdurchschnittlichen Eigröße von Beginn an recht groß und entwickeln sich meistens ohne Probleme.

Empfehlungen für Zucht und Haltung: Bassetten sind robust und überaus unkompliziert in Zucht und Haltung; man sollte jedoch das gute Flugvermögen der Tiere beim Bau von Umzäunungen und Volieren berücksichtigen.

Um sie möglichst unverfälscht zu erhalten, ist eine Fokussierung auf die Gold- und Silberwachtelfarbigen wünschenswert, da die Wachtelfarbe eine Besonderheit der belgischen Hühnerwelt darstellt und sie für die Bassetten das primäre Zeichnungsmuster ist.

Ruhlaer Zwerg-Kaulhühner

Den Federfüßigen Zwerghühnern im Typ sehr ähnlich, jedoch schwanzlos, gingen die Ruhlaer Zwerg-Kaulhühner Mitte des 19. Jahrhunderts aus Ersteren, Thüringer Barthühnern und kaulschwänzigen Landzwerghühnern, die in etwa mit den frühen Zwerg-Kaulhühnern vergleichbar waren, hervor. Spätestens 1945 waren sie jedoch verschwunden und wurden dann in den 1960er-Jahren sowohl in West- als auch Ostdeutschland erneut erzüchtet. Während man im Westen den Weg über Zwerg-Kaulhühner, Federfüßige Zwerge und Antwerpener Bartzwerge ging, verwendete man im Osten anstelle der Antwerpener Bartzwerge Thüringer Zwerg-Barthühner.

Anerkannt sind alle Farbenschläge der Federfüßigen Zwerghühner mit und ohne Bart sowie zusätzlich die Variante Tollbunt.

Ruhlaer Zwerg-Kaulhühner sind von sehr zutraulichem Wesen und zeigen in vielen Fällen auch noch den Bruttrieb. Bezüglich der Haltung gilt alles, was auch für die Federfüßigen Zwerghühner gesagt wurde (siehe Band 2, S. 76). Die Legeleistung variiert zwischen 100 und 140 weißen, mindestens 35 g schweren Eiern.

Flor d'Ametller

Bei den Flor d'Ametller handelt es sich quasi um die katalanische Version des kleinen, bunten Landzwerg-Huhns, das in ganz Europa und sogar darüber hinaus in verschiedenen Schlägen (z. B. Steinpiperl, Bayerische Landzwerge, Kroatische Zwerghühner, Doorniksche Zwerghühner, Federfüßige Zwerghühner, Bulgarische Zwerghühner, Russische Zwerghühner, türkische Ispenc) vorkommt und die Zwergvariante des Osteuropäischen Haushuhnzweigs repräsentiert (siehe Band 1, S. 98 f.).

Flor d'Ametller sind typische Urzwerge im kleinen Landhuhntyp mit Einfachkamm, überwiegend weißen Ohrscheiben (rein Rot gilt als Ausschlusskriterium), gelben oder fleischfarbigen Läufen und voller, langer Befiederung. Gelegentlich kommen sie auch mit Schopf vor und zeigen, wie auch andere katalanische Rassen, die als „Clavel" bezeichneten seitlichen Auswüchse am Kamm. Es gibt sie in einer Vielzahl von Farben wie Gelb, Rot, Wildbraun, Schwarz und Blau, die jeweils in Kombination mit der für diese Verwandtschaftsgruppe typischen Mottled-Scheckung auftreten. Die Scheckung verursacht im Gefieder zahlreiche weiße Tupfen, wodurch es zur Assoziation mit einem blühenden Baum kam, in diesem Fall dem Mandelbaum (Ametller steht spanisch für Mandel).

Liebhaber schätzen diese kleinen Zwerghühner nicht nur wegen ihrer Farbenvielfalt, sondern ganz besonders auch wegen ihrer guten Brut- und Aufzuchteigenschaften, die sie mit ihren paneuropäischen Verwandten teilen. Nicht selten werden sie speziell zur Aufzucht der Küken von leistungsstarken Großrassen gehalten. Dieser starke Bruttrieb hat Hühnern dieses Typs vielfach das eigenständige Überleben auf den Höfen ermöglicht, während die dort gehaltenen Großrassen schon längst über Kunstbrut vermehrt wurden. Sie selbst legen weiße bis schwach cremefarbige Eier mit einem Gewicht zwischen 35 und 38 g.

In Katalonien waren die Flor d'Ametller in ländlichen Regionen zwar nie ganz verschwunden, wurden aber so selten, dass im Jahr 2000 ein gezieltes Projekt zu ihrer Rettung gestartet werden musste.

Flor d'Ametller sind nach ihrer weißen Gefiederscheckung benannt, die an die üppige Blüte von Obstbäumen denken lässt. Foto © Adobe Stock/Juha

Hahn und Henne des Doornikschen Zwerghuhns. Man beachte die langen Sporen des schon älteren Hahns.

Foto © Robert Höck

Doorniksches Zwerghuhn

Die Doornikschen Zwerghühner entstammen demselben Verwandtschaftskreis wie die Flor d'Ameller und repräsentieren die belgische Variante des einst weit verbreiteten bunten Landzwerghuhns, das sich in seinen Ursprüngen auf den osteuropäischen Zweig des Haushuhns zurückführen lässt. Es stammt aus der Region um die Stadt Doornik (wallonisch Tournai), wo es sich mindestens bis in die zweite Hälfte des 19. Jahrhunderts zurückverfolgen lässt. Denn schon für 1883 ist belegt, dass die auch als „Millefleurs du Tournaises" bezeichneten Zwerghühner zum Ausbrüten von Fasanen und Rebhühnern genutzt wurden. Auch als „Schifferhuhn" bekannt, lebten die sehr zahmen Hühner dauerhaft auf den Kähnen der Schelde-Schiffer oder teilten sich sogar mit den Bewohnern des Scheldeufers das Haus, wo sie den „Freiraum" unter Betten oder auf Kleiderschränken zur Eiablage nutzten (WANDELT & WOLTERS 1998).

Um 1913 begann man, das ursprünglich in vielen verschiedenen Farben und Zeichnungen vorkommende Zwerghuhn zu vereinheitlichen und beschränkte sich dabei auf die bunte Variante als häufigste Form. Den ersten Weltkrieg überlebten leider nur ein Hahn und drei auf einem Dachboden gesicherte Hennen, doch reichte dies aus, um einen Neuanfang zu starten und die Zucht wieder aufzubauen. Als auch nach dem 2. Weltkrieg die Bestände stark eingebrochen waren, halfen bunte Altenglische Zwerg-Kämpfer beim erneuten Wiederaufbau der Population, weshalb die Rasse manchmal auch unter die Zwerg-Kämpfer eingeordnet wird. 1966 wurden bei einer Schau in Brüssel bereits wieder über 30 Tiere gezeigt. Die Rasse ist auch in den Niederlanden als Schaurasse anerkannt und gilt außerhalb Belgiens als extrem selten.

Doorniksche Zwerghühner sind recht kräftige, breite Urzwerge mit Einfachkamm, roten Ohrlappen, fleischfarbigen Läufen und voller, langer, fest anliegender Befiederung. Einziger Farbenschlag ist dreifarbig bunt, was in etwa dem als porzellanfarbig anerkannten Farbbild entspricht. Wie alle Urzwerge haben sie einen ausgeprägten Bruttrieb. .

Rassen gemischter Herkunft

Auch diesmal präsentieren wir aus dieser heterogenen „Sammelgruppe" wieder Rassen unterschiedlicher Herkünfte, Erscheinungsformen und Besonderheiten.

Brügger und Lütticher Kämpfer

Schon die Römer berichteten von Hahnenkämpfen im Gebiet des heutigen Belgien, und obwohl schon 1860 verboten, lebte diese Tradition noch lange Zeit danach fort. Vor diesem Hintergrund entstanden verschiedene lokale Kampfhuhnschläge, von denen die Brügger und Lütticher auch über Belgien hinaus bekannt wurden, heute aber den Kampfplatz vornehmlich gegen den Ausstellungskäfig getauscht haben.

Herkunft und Entstehung: Brügger Kämpfer basieren auf alten belgischen Kampfhühnern, die sowohl genetisch als auch habituell den Altenglischen Kämpfern nahegestanden haben dürften. Im 19. Jahrhundert kam es infolge der Einfuhr asiatischer Kämpfer zu Kreuzungen, speziell mit Malaien, wodurch die ehemals landhuhnartigen Tiere nicht nur an Körpergröße und Standhöhe zunahmen, sondern auch den für asiatische Kämpfer typischen Erbsenkamm erhielten. So entstand bis etwa 1850 der heutige Typ, der in Deutschland spätestens seit den 1880er-Jahren belegt ist.

Durch einen nochmaligen Input von Malaien in der zweiten Hälfte des 19. Jahrhunderts wurden dann die Lütticher Kämpfer entwickelt, die dadurch etwas aufgerichteter sind und höher stehen als die Brügger. Auch sie sind in Deutschland spätestens seit den 1880er-Jahren belegt.

1923 wurden in Belgien alle heimischen Kämpferrassen (Brügger, Lütticher und Tienscher) unter dem Namen Belgische Kämpfer zusammengefasst. Diese Regelung wurde im Heimatland 1959, in Deutschland 1975 wieder aufgehoben.

Ein ausdrucksstarker, muskelbepackter Brügger Kämpfer-Hahn im Farbschlag Schwarz-Rot.

Fotos © Robert Höck

Der maulbeerfarbige Erbsenkamm ist ein charakteristisches Merkmal dieser Brügger Kämpfer-Henne.

Foto © Robert Höck

Ein Zucht-Trio der Brügger Kämpfer. Häufig sind die Zuchtstämme bei solchen großen und schweren Kämpferrassen eher klein. Foto © Robert Höck

Erscheinungsbild: Brügger Kämpfer sind sehr große, kräftige, massige und hoch gestellte Hühner mit waagerecht getragenem Körper, voller Befiederung, maulbeerfarbigen bis schwarzroten Kopfpunkten, Erbsenkamm und schieferblauen Läufen.

Die Lütticher Kämpfer entsprechen diesem Erscheinungsbild weitgehend, zeigen jedoch eine leicht abfallende Haltung und kommen sowohl mit Erbsenkamm als auch mit Einfachkamm vor.

Wie auch bei anderen Kampfhühnern sind Farbe und Zeichnung von untergeordneter Bedeutung. Auch werden die einzelnen Farbvarianten oft in gemischten Stämmen gezüchtet. Anerkannt sind Goldhalsig, Silberhalsig mit Orangerücken, Blau-Silberhalsig mit roten Schultern beim Hahn (Brügger) bzw. mit Orangerücken (Lütticher), Orangebrüstig, Birkenfarbig, Blau-Birkenfarbig, Schwarz-Rot, Blau-Rot, Schwarz, Weiß (nur bei Lüttichern) und Blau.

Leistungseigenschaften: Durch ihre Muskelmasse liefern Brügger und Lütticher Kämpfer viel Fleisch, aber eine gewisse Spätreife verhinderte, dass sie tatsächlich in größerem Stil als Tafelhühner genutzt wurden. Die Legeleistung ist im Bereich zwischen 80 und 130 gelben bis weißen, mindestens 55 g schweren Eiern einzuordnen.

Wesenseigenschaften: Sowohl die Brügger als auch die Lütticher sind von ihrem Gemüt her eher gelassen und ruhig. Und spätestens im fortgeschrittenen Alter werden nach den Beobachtungen zahlreicher Züchter auch zuvor umtriebige Exemplare träge und bewegungsfaul. Bei achtsamem Umgang sind beide Rassen überaus vertrauensselig und handzahm, was auch die Zurschaustellung im Schauwesen erheblich erleichtert. Die Hähne haben noch den Kampftrieb, sind unerschrocken und untereinander zumeist nicht verträglich. Althähne können aber zuweilen erfolgreich als

Die Farbenschläge Schwarz-Rot und Blau-Rot lassen sich auch in gemischten Stämmen züchten.

Foto © Robert Höck

(1) Lütticher Kämpfer können sehr zutrauliche und menschenvertraute Hühner in der Hobbyhaltung sein, so wie hier beim Kämpfer-Experten Magnus Erdtmann.

(2) Weiße Lütticher Kämpfer-Henne mit den typischen dunklen Kopfpunkten.

(3) Dieser Lütticher Kämpfer ist im Vergleich zum Brügger deutlich langgestreckter und aufgerichteter im Habitus. Fotos © Robert Höck

Streitschlichter in Herden halbwüchsiger Junggesellen fungieren, solange die Junghähne noch nicht ausgewachsen sind.

Bruttrieb: Der Bruttrieb ist bei beiden Rassen noch vorhanden.

Empfehlungen für Zucht und Haltung: Eine ausreichende Versorgung mit Vitaminen, Aminosäuren und Calcium während der Aufzucht ist unerlässlich zur Vermeidung von Laufproblemen, denn die kräftigen Läufe benötigen zum Aufbau eine ausgewogene Mischung von Nährstoffen. Vor allem bei schnellem Wachstum, hervorgerufen durch stark eiweißreiches Aufzuchtfutter, kann es speziell bei den Hähnen zu krummen Zehen und unzureichender Knochenausbildung kommen. Auch leiden die Tiere in den Sommermonaten stark unter anhaltender Hitze. Um dem entgegenzuwirken empfiehlt sich, die Ställe möglichst geschützt vor Sonneneinstrahlung zu platzieren und mit ausreichenden Belüftungsmöglichkeiten zu versehen. Auch großzügig angelegte schattierte Bereiche im Freilauf, z. B. mithilfe von Sonnensegeln, sind ebenso förderlich wie eine Bepflanzung mit wüchsigen Gehölzen als Schattenspender (z. B. Weiden und Haselsträucher), die von allen Hühnern gern angenommen werden.

Zwergformen: Von beiden Rassen gibt es Zwergvarianten, die in den 1960er-Jahren entstanden. Sie verkörpern große, muskelbepackte Zwerghühner und entsprechen in ihren Eigenschaften weitgehend den Großformen. Die Legeleistung beträgt ca. 100 weiße bis rahmgelbe, mindestens 35 g schwere Eier. Auch bei ihnen ist der Bruttrieb noch vorhanden. Die Lütticher Zwerge werden in Schwarz, Schwarz-Rot, Blau, Blau-Rot, Birkenfarbig, Blau-Birkenfarbig, Orangebrüstig und Blau-Orangebrüstig gezüchtet, die Brügger zusätzlich in Schwarz-Silber und Blau-Silber. Weiß kommt nur bei den Lüttichern vor.

Dominikaner

Bei Dominikanern denkt man an die Karibischen Inseln, Sonne, Strand und Meer. Und obwohl die Dominikaner mit ihrer natürlichen Eleganz sehr gut zur Insel Hispaniola passen würden, liegt der Ort ihrer Entstehung viel weiter nördlich auf dem amerikanischen Kontinent, und zwar im Gebiet der heutigen USA.

Herkunft und Entstehung: Tatsache ist, dass zur Entstehung der Dominikaner nichts wirklich Konkretes bekannt ist. Sicher ist nur, dass es sich um die älteste dokumentierte Rasse Nordamerikas handelt. Vermutlich ist sie in den Neuenglandstaaten im Nordosten der USA im 18. Jahrhundert entstanden, denn wie bei den meisten anderen Nutztieren kam es in der Gründerzeit auch bei den Hühnern zu unzähligen Importen aus allen Teilen der Welt und durch deren Kombination dann zu neuen Rassen.

Die Dominikaner dürften hauptsächlich Nachfahren von importierten englischen Hühnerrassen, möglicherweise aus dem Verwandtschaftskreis der Grauen Schotten (Scots Grey) oder Dorking, und schweren asiatischen Rassen sein. Denn auch wenn man den letzteren Teil unseren deutschen Dominikanern nicht ansieht, ihre amerikanischen Verwandten tendieren deutlich zu einem eher den Plymouth Rocks oder Wyandotten vergleichbaren Typ. Aber dazu später mehr.

Unklar ist auch die Herkunft ihres Namens. Ursprünglich gab es wohl viele verschiedene Namen für die Dominikaner, von denen sich das englische „Dominiquan Fowl" dann vermutlich nur wegen des exotischen Klangs durchgesetzt hat. Und das entspricht durchaus dem früheren Zeitgeist. Man züchtete etwas Neues und wählte nach Gutdünken eine außergewöhnliche Bezeichnung aus, um Aufmerksamkeit für die Neuzüchtung zu erregen.

Vier elegante Dominikaner-Junghähne im Herbstlaub bei Züchterin Karin im Salzkammergut. Foto © Karin Reiter

(1) Dieser prächtige Dominikaner-Hahn zeigt sehr schön den langgestreckten Körperbau und die reiche Besichelung des Schwanzgefieders. Foto © Karin Reiter

(2) Dominikaner-Hennen sind als hervorragende Futtersucher in Freilaufhaltung sehr wirtschaftlich.

Foto © Karin Reiter

(3) Der breite, eher flach aufgesetzte Rosenkamm ist ein Markenzeichen aller Dominikaner-Hühner.

Foto © Robert Höck

So war es beispielsweise auch bei den ebenfalls amerikanischen Java, Verwandte der Langschan, Cochin und Brahma, für die keinerlei javanische Wurzeln belegt sind, oder den Wyandotten, die niemals vom indigenen Stamm der Wyandotte gehalten oder gezüchtet wurden. Deutlich besser hätten bei den Dominikanern beispielsweise die anfangs ebenfalls verwendeten Bezeichnungen „Pilgrim Fowl" (Siedler-Hühner) und „Old Grey" (In Anlehnung an die Streifung) gepasst.

Bis zum Auftreten der Plymouth Rocks gab es Dominikaner sowohl mit Rosenkamm als auch mit Einfachkamm und es waren eben diese Einfachkämmigen, die dann die männliche Abstammungslinie der Plymouth Rocks bildeten (dazu mehr im entsprechenden Kapitel). Kammformen waren generell bei vielen Hühnerrassen noch im 19. Jahrhundert noch relativ variabel. Erst als eine klarere Unterscheidung zwischen beiden Rassen notwendig wurde (unter anderem für das Schauwesen), „verfügte" man, dass Dominikaner fortan ausschließlich rosenkämmig und Plymouth Rocks einfachkämmig sein sollen. Nach Deutschland wurden die Dominikaner in den 1870er-Jahren als Wirtschaftshuhn eingeführt. Hier erst wurde durch die Einkreuzung Grauer Schotten und Sumatra der heutige deutsche, ungemein elegante Landhuhntyp geschaffen.

Die Dominikaner hatten ihre Blütezeit zweifelsfrei im 19. Jahrhundert. Danach, in der ersten Hälfte des 20. Jahrhunderts, wurden sie dann durch ihre partiellen Nachkommen, die Plymouth Rocks, von vielen Höfen verdrängt.

Erscheinungsbild: Dominikaner sind mittelgroße, elegante Landhühner mit fließenden Linien, Rosenkamm, roten Ohrlappen, gelben Beinen und langer, voller Befiederung, die den Sumatra-Einfluss der deutschen Zuchtrichtung nicht verbergen können. Ihr ist auch der typische kleine „Otter-" oder „Schlangenkopf" geschuldet, der den amerikanischen Tieren in dieser Form fehlt. Einziger Farbenschlag ist gesperbert, wobei die Sperberung sehr fein und gleichmäßig ausgebildet ist. Dieses Merkmal haben die Dominikaner auch an die Plymouth Rocks weitergegeben, bei denen es dann zur noch feineren Streifung ausgebildet wurde.

Leistungseigenschaften: Dominikaner gehören zu den besten nicht kommerziellen Legerassen überhaupt. So weist das Zuchtbuch des BDRG Leistungen von 170–230 (!) hellbraunen, 55–60 g schweren Eiern aus.

Bruttrieb: Der Bruttrieb ist bei den Dominikanern zwar grundsätzlich vorhanden, tritt aber nicht bei allen Hennen in Erscheinung. Wenn sie brüten, sind sie ausgesprochen fürsorgliche Mütter.

Wesenseigenschaften: Dominikaner sind aktive, agile und umtriebige Hühner, die viel Platz zu schätzen wissen. Zudem gelten sie als außerordentlich tüchtige Futtersucher. Unabhängig davon sind sie eher ruhig, nicht scheu und können bei entsprechender Betreuung sehr zutraulich werden.

Empfehlungen für Zucht und Haltung: Robustheit und Unkompliziertheit zählen zu den typischen Eigenschaften der Dominikaner. Es ist lediglich darauf zu achten, dass die Tiere ausreichend Platz zur Bewegung und Futtersuche haben und die Zäune wegen ihrer vorhandenen Flugfähigkeit ausreichend hoch sind.

Das Hauptproblem sind die zunehmend rückläufigen Bestandszahlen, sodass man sich um das Überleben der Rasse ernsthafte Sorgen machen muss. Die daraus zwangsläufig irgendwann eintretende Inzuchtproblematik wirft die Frage nach eventuellen Einkreuzungen auf. Hier muss überaus vorsichtig agiert werden, um die Rasse nicht zu sehr zu verfälschen. Es sollte also ausschließlich auf verwandte Rassen zurückgegriffen werden. Hierzu bieten sich einerseits die Plymouth Rocks als Nachfahren der Dominikaner und andererseits die Sumatra an, die auf die deutsche Population einen erheblichen Einfluss hatten. Es wäre sehr zu wünschen, wenn diese alte und leistungsstarke Rasse auch für die Zukunft gesichert werden könnte.

Zwergform: In den USA seit 1960 vorhanden und dort dem amerikanischen Typ entsprechend, entstanden die deutschen Zwerg-Dominikaner zwischen 1984 und 1990 aus der Kombination der Großrasse mit schwarzen und gestreiften Zwerg-Italienern, gestreiften Zwerg-Plymouth Rocks, Deutschen Zwerg-Sperbern, schwarzen Zwerg-Rheinländern, gestreiften Deutschen Zwerg-Reichshühnern und Zwerg-Kraienköppen.

Auch sie sind mit jährlich 130–170 hellbraunen, mindestens 35 g schweren Eiern ausgesprochen gute Leger. In ihren Eigenschaften entsprechen sie weitgehend der Großrasse.

Aufgrund des geschlechtsgebundenen Sperberfaktors als Basis der gesperberten und gestreiften Farbenschläge sind Dominikaner-Küken vom ersten Lebenstag an praktisch „kennfarbig„, wobei die Hähne mit zwei Kopien des Allels deutlich heller sind. Fotos © Karin Reiter

(1) Ein Zuchtstamm schwarzer Nackthalshühner, der von einem aufmerksamem Hahn bewacht wird.

(2) Durch einige verbliebene Kopffedern ensteht bei diesem Nackthals-Hahn der Eindruck eines Federschopfes am Hinterkopf.

(3) Kopfstudie eines weißen Zwerg-Nackthalshahns. Fotos © Robert Höck

Nackthalshühner

Mit ihrem prägnanten Hauptmerkmal, dem unbefiederten Hals, gehören Nackthalshühner oft zu den ersten Hühnerrassen, die Neueinsteigern in das Thema Hühnerzucht in Erinnerung bleiben.

Nackthalsigkeit ist ein sehr altes Merkmal des Haushuhns, das weltweit in verschiedenen Verwandtschaftsgruppen auftritt. Besonders in warmen Gegenden ist es verbreitet, da nackthalsige Hühner über die federfreie Haut des Halsbereichs mehr Körperwärme nach außen abgeben können. So sind nackthalsige Hühner in der Türkei nicht selten und in Afrika sogar überaus häufig. Auch aus Mexiko und Südostasien sind sie bekannt. In der deutschsprachigen Literatur kennt man z. B. die Madagaskar-Nackthalskämpfer, die Vietnamesischen Kämpfer und die Spanischen Zwerg-Nackthalskrüper.

Herkunft und Entstehung: Unsere europäischen Nackthalshühner stammen aus dem Balkanraum, speziell Siebenbürgen, und waren wohl ebenso im Osmanischen Reich verbreitet, worauf auch die früher gebräuchliche Bezeichnung „Türkisches Huhn" hinweist. Die ältesten Darstellungen europäischer nackthalsiger Hühner datieren auf das Jahr 1701. In Mitteleuropa wurden sie erstmals 1875 in Wien präsentiert, zwei Jahre später dann auch in Deutschland.

Die genetische Typisierung ungarischer Tiere zeigte, dass ihr Genpool zu etwa gleichen Teilen aus europäischen und asiatischen Komponenten zusammengesetzt ist. Ob dieser asiatische Anteil ursprünglich ist oder später hinzukam, kann abschließend nicht sicher beantwortet werden. Doch legt die moderate Frequenz der Braunleger-Cluster

Hahn und Henne der Zwerg-Nackthalshühner im Farbschlag Weiß. Foto © Robert Höck

Diese schwarze Nackthalshenne der Großrasse zeigt sehr schön den gut mittelschweren Typus der Rasse. Foto © Robert Höck

von 5 % nahe, dass es wohl eher Wirtschaftsrassen vom Typ der Rhodeländer oder New Hampshire waren, die hier zum Einsatz kamen, dieser Input also jüngeren Datums ist. Auch wenn die mitteleuropäischen Importe des 19. Jahrhunderts davon noch nicht betroffen waren, ist aber auch hier aufgrund diverser Einkreuzungen mit einem mehr oder weniger großen asiatischen Einfluss zu rechnen.

Innerhalb der europäischen Komponenten dominiert bei den ungarischen Tieren das Mittel- und Westeuropäische Cluster mit etwa 25 %, gefolgt von einem erwartungsgemäß deutlichen osteuropäischen Anteil von ca. 15 %. In Relation dazu ist die Westasiatisch-Nordostafrikanische Komponente mit knapp 10 % vergleichsweise hoch, was, ebenso wie die quantitative Zusammensetzung dieser drei Cluster, für eine Herkunft aus dem kleinasiatischen Raum und den zusätzlichen Einfluss osteuropäischer Rassen spricht.

Erscheinungsbild: Nackthalshühner sind kräftige, gut mittelgroße Hühner mit leicht abfallender Rechteckform, federfreiem Hals, Kropf und Brustkiel sowie knappem, fest anliegendem und mittellangem Gefieder. Sie haben rote Ohrlappen und können sowohl einfach- als auch rosenkämmig vorkommen. Die Läufe sind je nach Farbenschlag dunkel schiefergrau bis fleischfarbig.

Die Nackthalsigkeit basiert auf dem dominanten, autosomal vererbten Faktor Na, d. h., nackthalsige Hühner müssen nicht immer reinerbig sein. Schon beim Embryo lässt sich erkennen, dass die Anlagen für die Halsfedern fehlen. In den übrigen Körperbereichen ist die Befiederung knapp und teilweise reduziert. Unterschiede in der Ausprägung bestehen im Vorhandensein oder Fehlen der sogenannten „Krawatte„, dem Federbüschel am Unterhals, das in Deutschland nicht erwünscht, in den USA, England und Frankreich jedoch erlaubt ist. Deren Ausbildung beruht wahrscheinlich auf einem modifizierenden Allel.

Die ursprünglichen Farbenschläge sind Gesperbert, Schwarz und Weiß, später kamen noch Blau, Rot, Gelb, Wildbraun und Schwarz-Weißgescheckt hinzu.

Ein weißbunter rosenkämmiger Hahn osteuropäischer Nackthalshühner. In Osteuropa kennt man viele lokale Schläge nackthalsiger Hühner, die sicherlich die Basis unserer mitteleuropäischen Zuchtform bilden.

Foto © Jacob Friede

Leistungseigenschaften: Nackthalshennen sind ausgezeichnete Legehühner, die jährlich bis zu 200 weiße bis gelbliche Eier mit einem Gewicht von mindestens 55 g legen können. Hervorzuheben ist zudem ihre Frohwüchsigkeit und Frühreife, sodass sie durchaus auch zur Fleischerzeugung taugen.

Wesenseigenschaften: Nackthalshühner haben allgemein ein ruhiges und friedliches Wesen. Sie sind zutraulich und neigen wenig zum Überfliegen der Umzäunungen. Dabei sind sie trotz ihrer Nackthalsigkeit robust und wetterhart.

Bruttrieb: Der Bruttrieb kommt vor allem bei den älteren Hennen immer wieder zum Vorschein. Doch gibt es auch Zuchtlinien, die keinerlei Bruttrieb zeigen.

Empfehlungen für Zucht und Haltung: Auch wenn Nackthalshühner als robust und wetterhart gelten, sollte auf eine Offenstallhaltung während der Wintermonate besser verzichtet werden. Nicht zu vergessen ist auch der Faktor innerartliche Kommunikation in Bezug auf das Halsgefieder. Insbesondere Hähne, aber auch Hennen, benutzen ein aufgespreiztes Halsgefieder zum Drohen, um bei Rangstreitigkeiten Stärke und Macht zu demonstrieren. Damit können sie zuweilen einen echten Kampf verhindern. Auch eine Glucke stellt ihre Halsfedern auf, wenn sie ihren Nachwuchs vor Feinden verteidigt, um so größer und einschüchternder zu wirken. Sind alle Tiere in der Gruppe nackthalsig, besteht hier kein Unterschied, doch in gemischten Gruppen mit normal befiederten Hühnern haben die Nackthalsigen einen klaren Nachteil beim Ausfechten der Rangordnung.

Zwergform: Die Verzwergung der Nackthalshühner benötigte mehrere Anläufe. Erste Tiere, entstanden aus der Großrasse und Landzwergen, wurden schon 1898 gezeigt, die Zucht aber wieder aufgegeben. Danach erfolgten noch zwei weitere Ansätze (1905 und 1937), bis schließlich nach dem Zweiten Weltkrieg die endgültige Etablierung erfolgte, zunächst in den Farbenschlägen Schwarz, Weiß, Gesperbert und Wildbraun. Später kamen dann sukzessive die Varianten Blau-Gesäumt, Rot, Gelb, Silber-Schwarzgeflockt und Braun-Porzellanfarbig hinzu. Auch Zwerg-Nackthalshühner werden in einfach- und rosenkämmig gezüchtet.

Von vergleichbaren Eigenschaften wie die Großrasse legen die Zwerge je nach Farbenschlag und Zuchtlinie zwischen 80 und 140 weiße bis gelbliche, mindestens 35 g schwere Eier.

Sachsenhühner

Die raue Naturlandschaft des Erzgebirges mit ihren nebelverhangenen Wäldern und langen kalten Wintern war Ende des 19. Jahrhunderts der Entstehungsort einer überaus robusten und wetterharten Hühnerrasse, des Sachsenhuhns. Typisch für ein Wirtschaftshuhn der damaligen Zeit kombiniert es eine gute Legeleistung mit einem pflegeleichten und schnörkellosen Erscheinungsbild.

Viele der in dieser Zeit entstandenen bzw. gefestigten Rassen waren ebenso wie das Sachsenhuhn recht schlicht gefärbt und hatten eine klare, zweckorientiere Zuchtrichtung. Später wurden sie von den Hybridlinien verdrängt und fanden ihre Nische zum Teil im Schauwesen. Das Sachsenhuhn verdankt sein Überleben dem fortwährenden Einsatz einer eingeschworenen Züchterschaft in Sachsen, Oberbayern und Thüringen.

Es gilt gemeinsam mit der Erzgebirgsziege und dem Vogtländer Rind als lebendes Kulturgut dieser Region.

Herkunft und Entstehung: Initiiert durch den Landesverband Sächsischer Rassegeflügelzüchter und den Landwirtschaftlichen Kreisverein im Erz-

(1) Kopfstudie eines weißen Zwerg-Sachsenhahns.

(2) Zwerg-Sachsenhahn im Farbenschlag Weiß mit perfekt gerundeten Hauptsicheln.

(3) Zwerg-Sachsenhuhn im Farbenschlag Weiß. Im Gegensatz zu den Schwarzen haben die Weißen fleischfarbene Läufe.

Fotos © Robert Höck

gebirge begann man 1886, ein leistungsstarkes Huhn zu kreieren, dass optimal an die unwirtlichen Klimabedingungen des Erzgebirges angepasst sein sollte. Hierzu kreuzte man schwarze Minorka, die seinerzeit führende Legerasse, mit Deutschen Langschan, um so die Größe der frostempfindlichen Minorka-Kämme zu reduzieren. Später kamen dann noch Sumatra und schwarze Italiener hinzu. Einziger Farbenschlag war zunächst der Schwarze. Um das gesetzte Ziel zu erreichen, wurden vom Landesverband sogar spezielle Zuchtstationen eingerichtet. Trotzdem sind Sachsenhühner über viele Jahrzehnte Raritäten geblieben; erst in den letzten Jahren ist ein deutlicher Aufwärtstrend erkennbar.

Erscheinungsbild: Sachsenhühner zeigen einen kräftigen, eleganten, etwas gestreckten Körper mit leicht ansteigender Rückenlinie und reicher Besichelung der Hähne. Sie tragen einen kleinen Einfachkamm und haben weiße Ohrscheiben.

Zu den ursprünglichen Schwarzen kamen ab 1923 Gesperberte (mithilfe von Plymouth Rocks, Dominikanern und Deutschen Reichshühnern)

sowie Weiße (unter Zuhilfenahme von Leghorn, Deutschen Reichshühnern und weißen Rheinländern) hinzu. 1960 schließlich vervollständigten die Gelben, herausgezüchtet aus gelben Italienern und Orpington, also ohne Anbindung an die Ursprungsrasse, das Farbschlagrepertoire. Während die schwarzen Sachsenhühner schwarze Läufe haben, sind sie bei allen anderen Farbenschlägen fleischfarbig.

Leistungseigenschaften: Während die Legeleistung der Schwarzen, Weißen und Gesperberten bei etwa 110–160 hellgelben bis hellbraunen, mindestens 55 g schweren Eiern einzuordnen ist, haben die Gelben, sicher bedingt durch ihren abweichenden Entstehungshintergrund, mit 160–200 Eiern eine höhere Legeleistung.

(4) Gesperberte Sachsenhühner werden nicht selten mit Deutschen Sperbern verwechselt.

(5) Eine gesperbertes Sachsenhuhn im Kopfportrait mit formstabilem Einfachkamm.

Fotos © Robert Höck

> Auch Oberbayern gilt streng genommen als Heimat des Sachsenhuhns. Somit hat Bayern gemeinsam mit den Augsburgern und den Bayerischen Landzwergen gleich drei bodenständige Hühnerrassen vorzuweisen. Das Augsburger Huhn wird daher oft zu Unrecht als einzige überlebende Hühnerrasse Bayerns genannt.

Wesenseigenschaften: Sachsenhühner zeigen einen recht aufmerksamen Charakter. Die Hähne sind wachsam und haben einen starken Beschützerinstinkt gegenüber ihren Hennen. Sie sind emsige Futtersucher, die sich stundenlang mit der selbstständigen Nahrungssuche beschäftigen können. Dabei haben sie ein eher ruhiges Wesen und sind durchaus zutraulich.

Bruttrieb: Der Bruttrieb ist nur gering ausgebildet.

Empfehlungen für Zucht und Haltung: Aufgrund ihrer robusten Konstitution und Wetterhärte sind Sachsenhühner weitgehend unproblematisch in Aufzucht und Haltung. Durch das aktive und umtriebige Grundnaturell sind sie auch für die Freilaufhaltung hervorragend geeignet. In der Zucht sollten besonders die Leistungsattribute, die Frohwüchsigkeit und die Unempfindlichkeit im Vordergrund stehen.

Zwergform: Nachdem man einen ersten Erzüchtungsversuch in den 1970er-Jahren mit dem Verweis auf die Seltenheit der Großrasse zurückgewiesen hatte, erfolgte in den 1980er-Jahren ein zweiter, in diesem Fall erfolgreicher Anlauf auf Grundlage der Großrasse, Deutschen Zwerg-Langschan, Zwerg-Rheinländern, Zwerg-Augsburgern und Zwerg-Leghorn.

Dabei fielen neben dem geplanten schwarzen Farbenschlag auch weiße und gesperberte Tiere (aus dem Erbe der Zwerg-Leghorn) an, die als Basis für die Konsolidierung auch dieser Varianten dienten. Heute sind Zwerg-Sachsenhühner in denselben Farbenschlägen wie die Großrasse anerkannt und genügsame Wirtschaftshühner für kleine Gärten, die mit jährlich 100–130 besonders großen, mindestens 45 g schweren, hellbraunen bis cremefarbigen Eiern punkten können.

Silverudds Blå

Abseits der standardisierten Rassegeflügelzucht konnte einer Hühnerrasse in den letzten zehn Jahren allein durch stetig anwachsende Popularität in Selbstversorgerkreisen ein geradezu kometenhafter Aufstieg gelingen: den aus Schweden stammenden Silverudds Blå. Eine hohe Legeleistung in Zusammenspiel mit der grünen Eischalenfarbe war dafür zweifellos die Hauptbasis. Doch das erklärt es nicht allein. Zugleich sind die Silverudds Blå mit ihren blauen und silbernen Gefiederfarben auch optisch sehr ansprechend und verfügen zudem über ein angenehmes Wesen.

Herkunft und Entstehung: Die Silverudds Blå sind nach ihrem Schöpfer, dem schwedischen Pfarrer Martin Silverudd, benannt, der in den 1980er-Jahren mit ihrer Erzüchtung begann. Es handelt sich also um eine vergleichsweise junge Hühnerrasse und auch nicht die einzige aus den züchterischen Bemühungen des Pfarrers. Leider verstarb Martin Silverudd frühzeitig im Jahr 1986, zu einer Zeit also, als er seine Zuchtarbeit für die Silverudds Blå noch nicht als vollendet betrachtete. Dies wurde anschließend von befreundeten Züchtern beendet und die neue Rasse dann ihrem Erzüchter zu Ehren Silverudds Blå benannt. Als Ausgangsrassen für seine Schöpfung wählte er blaue Australorps, New Hampshire, Rhodeländer und für die grüne Eischalenfarbe Cream Legbar. Heute sind die Silverudds Blå bei Hobbyhaltern und Selbstversorgern überaus beliebt und können ihre Verbreitung in den deutschsprachigen Ländern von Jahr zu Jahr ausdehnen. In Schweden bemüht sich der Verein Svenska Kulturhönsföreningen um ihre Zucht und Erhaltung, während die sehr aktiv agierende Züchtergemeinschaft SKF Europe die Interessen der Züchter in Deutschland vertritt.

Erscheinungsbild: Silverudds Blå zeigen eine lang gestreckte Landhuhnform, einen mittelgroßen Einfachkamm, mittellange Läufe variierender Farbe, rote bis weiße Ohrscheiben und eine gut mittellange Befiederung. Der Hahnenschwanz

wird in einem mittleren Winkel getragen, soll reich befiedert sein und dem Hahn ein elegantes Auftreten verleihen. Das Gewicht kann stark schwanken, zumal von Martin Silverudd auch nie ein anzustrebendes Einheitsgewicht angeführt wurde. Herausragend sind die sehr dunklen braunen bis schwarzen Knopfaugen. Was die Gefiederfarben anbelangt, so wird keine Farbenzucht betrieben, jedoch gibt es einen gewissen Rahmen, innerhalb dessen sich die Tiere farblich bewegen sollen. Dieser umfasst Splash und Blau in unterschiedlichen Ausprägungen, sowohl auf Schwarz- als auch Wildfarbenbasis, wobei die Tiere oft den Silberfaktor tragen.

(1a und 1b) Dieser splashfarbigen Silverudds Blå-Henne sieht man direkt den cleveren und neugierigen Charakter an.

(2a und 2b) Nicht zuletzt auch wegen ihrer schwedischen Herkunft kommen die Silverudds Blå meist gut mit winterlichen Verhältnissen klar.

(3) Eine prächtige Silverudds Blå-Henne einer blauen Variante.

(4) Silverudds Blå-Hähne sind in der Regel sehr wachsam und ebenso sehr krähfreudig.

Leistungseigenschaften: Durch die Wahl der Ausgangsrassen sind die Silverudds Blå extrem leistungsstarke Hühner, die jährlich 180–220 Eier erbringen können. Daher verkörpern sie heute die besten grünlegenden Hühner in Europa, denn Rassen wie Araucana oder Cream Legbar werden nicht nur hinsichtlich der Eizahl, sondern in aller Regel auch in puncto Eigröße (55–65 g) übertroffen. Die Schalenfarbe bewegt sich im Bereich zwischen Türkis und Moosgrün. Letztere kommt durch die Wechselwirkung mit den Braunleger-Allelen zustande, die durch Rhodeländer und New Hampshire in den Genpool eingebracht wurden.

Die Silverudds-Küken sind frohwüchsig und befiedern schnell. Fast immer erlangen die Hennen im fünften Lebensmonat die Legereife.

Schon als Küken zeigen Silverudds Blå eine harmonische Vielfalt an Blau-und Silbertönen.

Fotos © Robert Höck

Wesenseigenschaften: Silverudds Blå sind aufmerksame und clevere Hühner, die sich in gemischten Truppen mit anderen Legerassen stets opportunistisch verhalten und Vorteile, wie einen vom Halter verabreichten Leckerbissen, schneller wahrnehmen als ihre Kolleginnen. Sie lernen schnell, ob sie dem Halter vertrauen können, und werden dann auch rasch zahm. Gleichzeitig verhalten sie sich im Auslauf umtriebig und erweisen sich als gute Futtersucher. Die Hähne sind wachsam und verhalten sich in vielen Fällen dem Menschen gegenüber eher distanziert. Probleme mit aggressiven Hähnen kommen nur selten vor.

Bruttrieb: Der Bruttrieb ist in aller Regel nicht vorhanden und auch nicht gewünscht, da stets die Legeleistung im Fokus stehen soll. Wenn Glucken vorkommen, werden sie daher bewusst nicht für die Weiterzucht verwendet.

Empfehlungen für Zucht und Haltung: Silverudds Blå sind prinzipiell unkompliziert, verlangen aber eine intensive und ausgewogene Fütterung, da sie trotz ihrer eher geringen körperlichen Substanz sehr viel legen und diese Leistung nur halten können, wenn die Versorgung passt. Sie gelten als hervorragende Flieger, machen aber von dieser Fähigkeit nicht ständig Gebrauch. Wenn eine Hühnerrasse so schnell populär wird wie die Silverudds Blå, besteht immer auch die Gefahr einer Anerkennung durch die Ausstellungszucht. Diese würde in ihrem Fall einer fokussierten Leistungszucht im Weg stehen, da dann einzelne optische Merkmale wie einheitliche Lauf- und Ohrscheibenfarbe, gleichmäßige Kammzackung und ganz besonders ein nach Farbenschlägen getrenntes, einheitliches Farbbild in den Vordergrund gerückt würden. So wäre zu erwarten, dass die Bestände dann in Richtung Blau-Gesäumt, Schwarz und Blau-Silberhalsig selektiert werden. Und genau das ist nicht erstrebenswert. Die Tiere werden aktuell auch ohne die organisierte Ausstellungszucht sehr gut betreut und sind bestens aufgehoben, wenn ihre vielen Fans weiterhin dieselben Ziele wie in den letzten zehn Jahren verfolgen.

(1) Ein weißer Bresse-Hahn, der seinen tiefen Krähruf stolz erklingen lässt.
(2) Das Bressehuhn verkörpert mit seinen blauen Läufen, dem weißen Gefieder und dem roten Kamm für die Franzosen die Farben ihrer Flagge!

Bresse Gauloise

Beim Bresse Gauloise bzw. Bressehuhn handelt es sich um ein traditionelles Tafelhuhn, das seit jeher für seine vorzügliche Fleischqualität gelobt wird. Heute gehört es zu den wenigen alten Hühnerrassen, die sich außerhalb der Masthybridenzucht einen gewissen Stellenwert in der kommerziellen Fleischproduktion bewahren konnten. Das eine, oder „einzig wahre" Bressehuhn gibt es jedoch nicht, vielmehr werden verschiedene, teils unterschiedliche Zuchtformen mit individuellen Eigenschaften und Geschichten unter diesem Namen geführt. Sogar aus gesetzlicher Sicht wird in Frankreich zwischen zwei verschiedenen Typen von Bressehühnern streng unterschieden. Da wären einmal die Bresse Gauloise, die wie andere Hühnerrassen auch von jedermann gezüchtet werden können, in mehreren Farbenschlägen auftreten und in Frankreich auch als Schaurasse auf Geflügelschauen anerkannt sind. Und dann wäre da die in der kommerziellen Landwirtschaft genutzte Population mit dem „Controlled Designation of Origin"-Status (in Frankreich AOC, in Österreich g.U.), die stets weiß ist und mit einer Handvoll geschützter Ursprungsbezeichnungen aufwarten kann. Diese Bressehühner existieren ausschließlich für die Lebensmittelproduktion und werden in Frankreich auch noch für die eher veraltet anmutende, sehr fragwürdige Kapaunenproduktion, also die Mast kastrierter Hähne, eingesetzt.

Herkunft und Entstehung: Schon im 18. und 19. Jahrhundert, also lange bevor Gesetze die Bressehuhn-Zucht regelten, wurde in der gleichnamigen Region ein relativ großer Landhuhnschlag gezüchtet, der für seine gute Fleischqualität bekannt war. Ab Mitte des 19. Jahrhundert fand auf einigen Bauernhöfen dann nachweislich eine gezielte Selektion auf nochmals deutlich fleischbetontere Hühner

(1) Der Vergleich mit den Puten zeigt hier schön, dass so ein Bresse-Hahn ein „ordentlicher Brocken" sein kann!
(2) Bei den Bresse Grise handelt es sich um eine genetisch eigenständige Rasse von Bresse-Hühnern mit schwarzer Flockenzeichnung. Fotos © Robert Höck

statt, und genau diese Entwicklung hat den Grundstein für die heutige kommerzielle Bresse-Zucht gelegt. So entstand jene Form, die seit einem Gesetz von 1957 als Volaille de Bresse, Poulet de Bresse, Chapon de Bresse und Poularde de Bresse geschützte Ursprungsbezeichnungen aufweist und mit reglementierten Zuchtpraktiken erhalten und gefördert werden soll. Dieses Gesetz grenzt zudem ein 1936 festgelegtes, vergleichsweise kleines Produktionsgebiet ein, das einige bekannte Städte wie Bourg-en-Bresse, Louhans, Pont-de-Vaux und Montrevel-en-Bresse beherbergt. Diese Population steht genetisch heute zwischen den europäischen und asiatischen Rassen (VIALE et al. 2017), wobei letztere wohl in der Zeit nach 1900 zur Steigerung der Körpermasse beigesteuert wurden.

Die nicht in dieser Weise genutzten Zuchtlinien bildeten den Grundstein der Bresse Gauloises, von denen die bekanntesten Weißen auf derselben Ursprungspopulation basieren wie die kommerzielle Zuchtform. Daneben werden Bresse Gauloises auch in Schwarz, Blau und Silber-Schwarzgeflockt gezüchtet, wobei die einzelnen Farbenschläge aber eher als eigenständige Rassen zu betrachten sind. So ähneln die Schwarzen und Blauen stark den spanischen Rassen, während die Geflockten den Sprenkelhühnern zuzurechnen und allgemein als Bresse Grise bezeichnet werden.

Somit verbergen sich unter dem Namen „Bresse" eigentlich vier mehr oder weniger unterschiedliche Rassen: die kommerziell genutzten Weißen mit dem AOC-Status, die weißen Bresse-Gauloise, die schwarzen und blauen Bresse-Gauloises und die Bresse Grise.

Erscheinungsbild: Bressehühner verkörpern einen gut mittelschweren Landhuhntyp, der jedoch je nach Population etwas variieren kann. Bressehühner tragen immer einen Einfachkamm, der bei den Hennen im deutschen Sprachraum meistens mittelgroß ist und recht stabil aufrecht steht. In Frankreich gelten jedoch auch umgelegte bzw. schlotternde Kämme bei den Hennen als völlig normal. Bressehühner haben blaue Läufe und weiße bis rote Ohrscheiben. Die Bresse Grise zeigen in Farbe und Zeichnung starke Gemeinsamkeiten mit den Ostfriesischen

Möwen. So sind auch bei ihnen nur die Hennen mit einer gleichmäßigen, schwarzen Flockenzeichnung am gesamten Körpergefieder versehen, während bei den Hähnen die Flockenzeichnung lediglich im Untergefieder sichtbar ist.

Bresse-Küken entwickeln ihre typische, bläuliche Lauffarbe erst ab der zweiten Lebenswoche. In den Tagen nach dem Schlupf sind ihrer Läufe noch fleischfarben bis orange, wie auch hier auf den Abbildungen zu sehen.

Leistungseigenschaften: Zweifelsfrei wird man Bressehühner immer in erster Linie mit der Fleischproduktion in Verbindung bringen. Mit ihrer Legeleistung von 150–200 weißen oder cremefarbenen, 58–62 g schweren Eiern sind sie jedoch auch als Zweinutzungsrasse begehrt und haben unter Selbstversorgern einen vorzüglichen Ruf. Die Tiere gelten als frohwüchsig, frühreif und herausragend gute Futterverwerter. Bei den Bresse Grise kann mit ca. 120–150 Eiern gerechnet werden.

Bruttrieb: Obwohl immer wieder zu lesen ist, dass Bressehühner nicht zum Glucken und Brüten neigen sollen, ist der Bruttrieb, zumindest unter den Tieren im deutschsprachigen Raum, definitiv vorhanden und kommt auch regelmäßig zum Vorschein. Die Hennen sind dabei recht ausgeglichene Mütter, die den Nachwuchs aber oftmals nur vergleichsweise kurz führen.

Empfehlungen für Zucht und Haltung: Wie bei allen Hühnerrassen mit guten Masteigenschaften kann es auch bei den Bressehühnern zu Problemen mit Übergewicht und Verfetten kommen. Hierbei gilt es in der Fütterung vorzubeugen, insbesondere bei Zuchttieren, wenn eine mehrjährige Haltung vitaler Elterntiere gewünscht ist.

Für Irritationen und Verwirrungen sorgt bei der Anschaffung von Bressehühnern immer wieder die große Vielfalt an Bezeichnungen. So werden hierzulande Bressehühner immer wieder als „Les Bleues" verkauft, wobei es sich dann teilweise um Kreuzungstiere und möglicherweise sogar blauläufige Masthybriden handelt. Man sollte also immer sehr genau nachschauen, was sich im einzelnen Fall hinter der Bezeichnung „Les Bleues" oder „Bressehuhn" verbirgt, um Enttäuschungen rechtzeitig vorzubeugen.

In Hinblick auf die Erhaltungszucht sollte der unterschiedlichen Herkunft der Farbenschläge Rechnung getragen werden, was besonders für Bresse Grise gilt. Populationsbiologisch handelt es sich hier um eigenständige Hühnerrassen, weshalb sie auch nicht, mit Ausnahme der Blauen und Schwarzen, untereinander gekreuzt werden sollten.

Dieses weiße Bresse-Küken (3), im Alter von zwei Tagen sowie zwei Wochen (4) fotografiert, zeigt schön, dass die blaue Lauffarbe beim Nachwuchs nicht von Anfang an vorhanden ist, aber sich dennoch schnell einstellt.

Fotos © Karin Reiter

Gelbe Haspengauer (Vale van Haspengouw)

Namur ist die Hauptstadt der wallonischen Region Belgiens und gilt als die Wiege der ursprünglichen Gelben Haspengauer-Hühner. Schon zur Wende vom 19. zum 20. Jahrhundert ist das Gebiet rund um die Stadt für seine besonderen Hühner bekannt gewesen. Diese sollen sich durch ihre leuchtend gelben Farben in auffälliger Art von den typischen Landhühnern der Region unterschieden haben und erhielten darum immer wieder Aufmerksamkeit. Es gab anfangs mehrere Bezeichnungen und neben „Vale van Haspengouw" war besonders das französische „Fauve de Hesbaye" recht geläufig. Zu Beginn zeigten die Tiere noch eine Vielzahl an Gelbtönen von Hell- bis Dunkelgelb, zuweilen auch in Kombination mit schwarzen Musterungen, wie einer schwarzen Bänderung oder Säumung. Dies weist die ursprünglichen Haspengauer klar als Vertreter der in Nordwesteuropa früher weit verbreiteten Familie der Sprenkelhühner aus. Diese anfängliche Farbvariation verschwand dann aber rasch durch die Selektion in Richtung einfarbiger Tiere, was auch 1905 durch das Geflügelbuch Union Avicole von E. Maréchal bestätigt wird, in dem die Gelben Haspengauer ausführlich als eigenständige Hühnerrasse beschrieben und für ihr recht hohes Gewicht und die gute Legeleistung gelobt werden. Ihre Blütezeit sollte allerdings nicht lange währen, denn schon aus den 1930er Jahren liegen keinerlei Hinweise für eine weitere Existenz vor.

Und so entstammen die heutigen Haspengauer einem Neuzüchtungsprojekt aus den 1950er-Jahren (MOULA et al. 2012), das in der Welt der Hühnerzucht jedoch kaum Beachtung fand. Es grenzt daher an ein Wunder, dass die Rasse trotz mangelnden Interesses auch nach 70 Jahren immer noch existent ist. Und obwohl es sich um eine sogenannte „Wiedererzüchtung" handelt, sind sie doch deutlich älter als einige der aktuellen Moderassen wie beispielsweise die in diesem Band beschriebenen Bielefelder Kennhühner oder Silverudds Blå. Unklar bleibt jedoch, welche Ausgangsrassen in den 1950ern für die Rekonstruktion zum Einsatz kamen. Die heutigen Tiere wirken eher wie ein schwerer Typ

(1) Ein Zuchtstamm Gelber Haspengauer leuchtet auf der grünen Wiese regelrecht und ist ein wahrlich prachtvoller Anblick.
(2) Haspengauer-Hähne sind in der Regel friedlich und ausgeglichen in ihrem Temperament.
(3) Bei legenden Haspengauer-Hennen kippt der große Kamm gerne mal zur Seite hin um. Man beachte hier auch die gut sichtbaren, fleischfarbenen Läufe.
(4) Diese Gelben Haspengauer leben im „Levend Erfgoedpark" in Flandern, einem der wenigen Refugien für die Rasse in Belgien.

Fotos © Robert Höck

4

der Italiener und tatsächlich dürften gelbe Italiener nicht unbeträchtlich an der Neuzüchtung beteiligt gewesen sein. Ob auch Sprenkelrassen als Verwandte der Urform verwendet wurden, lässt sich abschließend nicht mehr beurteilen, wäre aber wünschenswert.

3

Gelbe Haspengauer sind Hühner im rechteckigen Landhuhntyp mit breiten Schultern und einem langgestreckten Rücken. Die Kopfattribute bilden ein mittelgroßer Einfachkamm, weiße Ohrscheiben, mittelbraune Augen und ein hell-hornfarbener Schnabel; die weislich-rosafarbenen bis fleischfarbenen Läufe sind gut mittellang und können bei den Hennen eine leichte, gräuliche Sprenkelung aufweisen. Einziger Farbschlag ist Gelb mit schwarzem Schwanz, wobei der Hahn deutlich dunkler gefärbt ist als die Henne.

Gelbe Haspengauer legen bis zu 180 weiße Eier mit einem Gewicht von ca. 65 g, neigen gelegentlich zum Brüten und können durchaus als Zweinutzungsrasse gelten. Charakterlich sind sie aufmerksam, aber nicht schreckhaft oder nervös und gute Futtersucher im grünen Auslauf. Die Haspengauer repräsentieren eine der seltensten europäischen Hühnerrassen und es bleibt zu hoffen, dass die kleine Zuchtpopulation in Belgien auf Dauer ausreicht, um die Rasse für die Zukunft zu sichern.

Vogtländer

Vogtländer wurden, beginnend in den 1920er-Jahren, in der gleichnamigen Region im Grenzgebiet von Franken, Sachsen, Thüringen und Böhmen aus rebhuhnhalsigen Rheinländern, Andalusiern, Dominikanern und Welsumern erzüchtet, wobei es letztlich gute 50 Jahre dauerte, bis die Rasse 1973 schließlich offiziell anerkannt wurde.

Den größten Einfluss auf die neue Züchtung hatten die Rheinländer, was sich nicht zuletzt in der gestreckten Landhuhnform mit voller und langer Befiederung, dem Rosenkamm, den weißen Ohrscheiben und den blauen Läufen zeigt. Die Farbe ist eine spezielle Ausprägung der Blau-Wildfarbe, die auch als Mausgrau bezeichnet wird. Dabei ist das Körpergefieder des Hahns blaugrau mit rotgoldenem Hals- und Sattelbehang; die Henne ist am ganzen Körper gleichmäßig blaugrau gefärbt.

Die Legeleistung bewegt sich im Bereich von gut 150 weißen, mindestens 55 g schweren Eiern, kann jedoch auch Werte von bis zu 200 Eiern annehmen.

Katalanier (Prat)

Die Katalanier, in ihrer Heimat als Prat bezeichnet, entstammen der Verpaarung eines gelben Cochin-Hahns mit verschiedenfarbigen Hennen eines lokalen Landhuhnschlags Ende des 19. Jahrhunderts. Obwohl schon seit den 1940er-Jahren in den USA gezüchtet, gelangten sie erst 1985 nach Deutschland.

Genetisch setzen sie sich zu gut 50 % aus den europäischen und gut 30 % aus den chinesischen Clustern zusammen, was die Entstehungsgeschichte plausibel widerspiegelt. Interessant ist der relativ hohe Anteil der westasiatisch-nordostafrikanischen Komponente mit etwa 15 %, was, gerade auch in Relation zu den europäischen Anteilen, ein extrem hoher Wert ist. Möglicherweise repräsentiert sie den Einfluss von Haushühnern, die in maurischer Zeit aus dem Nahen Osten bzw. Nordafrika auf die Iberische Halbinsel gebracht wurden. Ihre nächsten Verwandten sind die ebenfalls katalanischen Villafranquina, von denen sie sich genetisch praktisch nicht unterscheiden.

Katalanier zeigen einen schweren, gut mittelhochgestellten, frohwüchsigen Landhuhntyp mit reicher Befiederung, Einfachkamm, blauen Läufen und weißen Ohrscheiben. Der Farbenschlag Hell-Goldbraun ähnelt dem Goldbraun der New Hampshire, hat jedoch eine hellere Grundfarbe. Sie legen 180 weiße bis rötlich gelbe, mindestens 58 g schwere Eier.

Typisch für das Prat-Huhn ist die satte, rotbraune Grundfarbe in Kombination mit blauen Läufen. Foto © Robert Höck

Millefiori di Lonigo

Die venezianischen Millefiori di Lonigo sind eine porzellanfarbige italienische Landrasse, die ursprünglich wohl den schwarz-weißgescheckten Ancona nahestand, zu Beginn des 20. Jahrhunderts jedoch praktisch verschwunden war. In den 1920er-Jahren wurden dann vom Landwirtschaftlichen Forschungszentrum Lonigo ähnliche Tiere in einer Farm in Südvenetien vorgefunden und zum Neuaufbau der Rasse genutzt, bevor sie erstmals 1934 präsentiert wurde. Diese neue Zuchtform, die zweifellos auf der alten Rasse basiert, ist schwerer und kräftiger als der Originaltyp, was vorwiegend einem auch genetisch sichtbaren Input asiatischer Rassen geschuldet ist. So nehmen die Millefiori im Neighbor-Joining eine intermediäre Stellung zwischen den europäischen Rassen und den Züchtungen im halbasiatischen Typ ein (VIALE et al. 2017).

Phäntotypisch verkörpern sie einen kräftigen Mittelmeertyp mit großen Kämmen und Kehllappen, weißen Ohrscheiben, gelben Läufen und langer, voller Befiederung. Sie haben einen großen Bewegungsdrang, sind echte Energiebündel, die viel Beschäftigung benötigen, und ausgezeichnete Futtersucher. Man hält sie daher am besten im Freilauf oder in großen Gehegen. Sie legen bis zu 180 weiße oder rosafarbene Eier mit einem Gewicht von 58–64 g.

Es ist überaus schade, dass die Millefiori di Lonigo in der Welt der italienischen Hühnerrassen bis heute ein Schattendasein führen. Mit ihrer bunten, eleganten Schönheit und einer langjährigen guten Legeleistung eignen sie sich ausgezeichnet für die wachsende Selbstversorgerszene und kleinbäuerliche Betriebe mit regionaler Vermarktung.

Hahn und Henne der Millefiori di Lonigo mit dem typischen farbenfrohen porzellanfarbigen Gefieder.

Foto © Robert Höck

Polnische Grünfüßler

1894 erstmals bei einer Ausstellung präsentiert, in seiner Ursprungsform aber weitaus älter, sind die Polnischen Grünfüßler das traditionelle Landhuhn unserer östlichen Nachbarn. Seine Heimat ist Südpolen, speziell Galizien, wo es im 19. Jahrhundert aus den lokalen Haushuhnbeständen als Rasse konsolidiert wurde. Gab es früher auch weiße, rosenkämmige und bärtige Schläge, ist heute nur noch die einfachkämmige, bartlose und rebhuhnfarbige Form vorhanden.

Die Rasse ist überwiegend europäischer Herkunft, wobei dieser Teil ihres Genpools mit einer jeweils starken west- und osteuropäischen Komponente sowie einem moderaten westasiatisch-nordostafrikanischen Anteil die typische Clusterung osteuropäischer Rassen zeigt. Hinzu kommt ein asiatischer Input von gut 35 %, der vermutlich die gelegentlich vorgenommene Einkreuzung von Wirtschaftsrassen im Zweinutzungstyp widerspiegelt.

Polnische Grünfüßler sind mittelgroße, gestreckte Landhühner mit relativ hoch getragenem Schwanz, voller, langer Befiederung, kleinen, überwiegend rötlichen Ohrlappen und der charakteristischen gras- bis olivgrünen Lauffarbe.

Sie sind vorzügliche Legehühner, die jährlich 170, teils sogar zu bis 200 weiße, grünlich schimmernde Eier mit einem Gewicht von 55–60 g und einem nachweislich niedrigem Cholesteringehalt legen. Weiterhin sind sie sehr gute Glucken und bekannt für ihr fettarmes, hochwertiges Fleisch. Es sind friedfertige, lebhafte und zutrauliche Hühner, die als ausgezeichnete Futtersucher hervorragend für eine Freilandhaltung im Selbstversorgerbereich geeignet sind. Seit 1974 besteht ein staatliches Zuchtprogramm zur Erhaltung und Förderung der Rasse.

In der Praxis können bei den Polnischen Grünfüßlern neben den grasgrünen vereinzelt auch schieferblaue Läufe auftreten. Foto © Robert Höck

Empordanesa

Die katalanischen Empordanesa haben mit den Pendesenca die seitlichen Auswüchse der Kammfahne (Clavel) und die sehr dunkle rotbraune Eischalenfarbe gemeinsam, die bei den Empordanesa bisweilen einen bläulichen Schimmer aufweisen kann. Sie basieren auf einem Landschlag, der sicherlich mit den Penedesenca nah verwandt war und ab 1920 in der Landwirtschaftlichen Schule von Barcelona in den Farben Weiß und Gelb gezüchtet wurde. Diese Zucht erlosch jedoch im Zweiten Weltkrieg, und so sollte es bis 1982 dauern, dass Restbestände der Rasse in der Heimatregion gesammelt und zum Neuaufbau der Zucht genutzt wurden.

Optisch wirken sie wie eine schwere Variante der Penedesenca mit breiterem Körper und höherem Gewicht, was ebenso wie die roten Ohrlappen und die gelben Läufe darauf hinweist, dass sie im Laufe ihrer Entwicklung einen deutlichen Input von Rassen des halbasiatischen Typs erhielten. Ob dieser schon zu Beginn der Konstituierung 1920 vorhanden war oder erst in der Zeit bis 1982 durch unkontrollierte Kreuzungen hinzukam, ist unklar, doch legt die Tatsache, dass die vorgefundenen Tiere überwiegend rot, also ganz offensichtlich von Rhodeländern oder deren Verwandten beeinflusst waren, nahe, dass zumindest ein Teil dieser Herkunft aktuelleren Datums ist. Anerkannte Farbvarianten sind Gelb mit schwarzem, blauem oder weißem Schwanz sowie Weiß. Die Legeleistung wird mit 190 mindestens 60 g schweren, dunkel rotbraunen Eiern angegeben.

Pita Pinta Asturiana

Pita Pinta Asturiana-Hühner sind nach ihrer gescheckten Gefiederzeichnung (Pinta = spanisch für „gemalt") sowie ihrer Ursprungsregion, dem nordspanischen Fürstentum Asturien, benannt. Sie gelten dort als bodenständige Hühnerrasse, die verwandtschaftliche Beziehungen zu Hühnerrassen aus Kantabrien und dem Baskenland zeigt. Nachdem die Rasse in den 1960er Jahren nahezu in Vergessenheit geriet, bemühte sich der Landtierarzt Rafael Eguiño Marcos in den 1980ern zunächst im Alleingang um die Rettung der letzten Bestände. Er konnte phänotypisch passende Tiere für den Neuaufbau der Zucht im Süden Asturiens, im Grenzgebiet zur Provinz León, ausfindig machen. Schließlich fand er auch engagierte Mitstreiter und schon in den 1990er Jahren gab es in Asturien wieder nahezu 50 Zuchten. In Deutschland wurden Pita Pinta Asturiana erstmals im Jahr 2000 auf der Europaschau in Nürnberg gezeigt und stießen hier direkt auf großes Interesse von Seiten der Selbstversorger-Szene. Als mittelschwere Zweinutzungshühner punkten diese Hühner mit guten Nutzeigenschaften und tollen Brutinstinkten. Orangefarbene Augen, ein eher kleiner Einfachkamm und gelbe Läufe sind typisch. Es gibt vier Gefiederfarben: Schwarz-Weißgescheckt (Negro), Rot-Weißgescheckt (Roxa), Weiß (Blanca) und Birkenfarbig (Negra Abedul). In welchem Umfang die heutigen Tiere genetisch an die ursprünglichen Pita Pintas angebunden sind, ist unkar. Ein starker Einfluss von modernen Wirtschaftsrassen und Legehybriden ist aber naheliegend, da es vor der Neukonstituierung unzählige Möglichkeiten gab, sich auf den asturischen Höfen unkontrolliert zu verpaaren. Auch die mittlerweile cremefarbene Eierschalen-Farbe würde diese Theorie untermauern.

Junghenne und Althenne der rot-weißgescheckten Variante der Pita Pinta Asturiana Roxa im Vergleich.

Fotos © Robert Höck

Rassen südostasiatischer Herkunft

Der südostasiatische Raum ist nicht nur die Heimat von Kampfhühnern des Malaientyps, sondern auch von besonders kleinwüchsigen Urzwergen. Solche Formen beeinflussten nicht nur altbekannte Rassen wie die Sebright, Bantam oder Chabo, sondern in gleicher Weise ebenso neuere Züchtungen wie z. B. die aus Malaysia stammenden Ayam Serama.

Serama

Ganz gleich, ob Zwergkaninchen, Westafrikanische Zwergziege oder Argentinisches Falabella-Pferd, die Miniaturformen domestizierter Nutztiere erfreuen sich bei Hobbyhaltern einer ungebrochenen Beliebtheit. Wir Menschen finden Zwergformen wohl einfach putzig, weshalb ständig neue solcher Züchtungen hinzukommen. Unbestreitbar „Mini" unter den Hühnern sind die Serama, jene Winzlinge aus Malaysia, die erst in den letzten Jahren als „kleinste Hühnerrasse der Welt" so richtig für Furore gesorgt haben und von denen es mittlerweile auch eine etwas größere europäische Zuchtrichtung gibt.

Herkunft und Entstehung: Die Ursprünge der Ayam Serama liegen im malaiischen Bundesstaat Kelantan, wo sie Anfang der 1970er-Jahre primär aus Verpaarungen von lokalen Zwergkämpfern, die aber wohl eher dem Bankivatyp entsprachen, mit den japanischen Chabo entstanden sind. Später sollen in geringem Umfang auch Holländische Zwerghühner und japanische Urzwerge vom Shamotyp in den Genpool mit eingeflossen sein. Um 1990 war dann das Zuchtziel von möglichst kleinen, aber stolz aufgerichteten Zwerghühnern erreicht und der Typ der neuen Züchtung so gefestigt, dass man von einer eigenständigen Hühner-

(1) Eine bunte Gruppe von Europäischen Serama-Zwergen kann unendlich viele Farbvarianten zeigen.
(2) Schokoladenfarbig-Weißgescheckte Serama-Henne im blühenden Apfelbaum. Fotos © Robert Höck

rasse sprechen konnte. Diese wurde dann erstmals unter der Bezeichnung Ayam Serama von Wee Yean Een auf einer Geflügelschau in Kelantan der Öffentlichkeit präsentiert. Ayam bedeutet Huhn, während Serama sich vom thailändischen Wort Rama ableitet, dem Königstitel der thailändischen Chakri-Dynastie. Übersetzt sind die Serama also die „Könige der Hühnerwelt„.

In heutigen Malaysia sind die Ayam Serama Heimtiere und Objekt für die Wettbewerbszucht gleichermaßen. Auf den Positur-Schauen werden die besten Tiere, insbesondere die Hähne, auf großen, offenen Tischen begutachtet und bewertet. Intakte Befiederung, Kopfpunkte, stolze Haltung und ebenso der zinnsoldatenartige Gang spielen dabei eine Hauptrolle. Oft laufen mehrere Hähne gleichzeitig auf den Tischen, wobei jene disqualifiziert werden, die einen Kampf beginnen. So bleibt der friedselige Charakter in der Zucht verankert. Die Farbe der Tiere ist dagegen unwichtig. Ebenso sind Abweichungen im Typ zwischen den Linien der einzelnen Züchter zu erkennen. Trotz dieser individuellen Handschrift bleibt das gemeinsame Zuchtziel aber immer ein möglichst kleines und stolz aufgerichtetes Huhn mit vorgestreckter Brust.

Aufgrund ihrer geringen Größe dürfen Serama in Malaysia meistens nicht wie die typischen Dorfhühner frei herumlaufen, denn das wäre viel zu gefährlich. Sie leben daher zuweilen sogar wie Stubenvögel in Käfigen und so recht nahe bei ihren Besitzern.

Europäische Serama sind im Laufe der letzten beiden Dekaden entstanden, denn erst im Jahr 2004 wurden Tiere aus den USA, wo die Rasse schon länger bekannt war, nach England importiert. Schnell verbreiteten sie sich in den europäischen Hühnerzucht-Hochburgen, doch stellte sich alsbald heraus, dass es insbesondere in Mittel- und Nordeuropa praktischer ist, einen etwas größeren und robusteren Typ zu züchten.

Erscheinungsbild: Das Gewicht der Serama schwankt zwischen 225 und 550 g, wobei der Originaltyp eher im unteren und die europäische Variante mehr im oberen Bereich dieser Skala zu finden ist. Grundsätzlich zeigen aber beide Zuchtformen große Schwankungen. Hennen, die deut-

Serama-Henne mit gelocktem Gefieder. Fotos © Robert Höck

Gelocktes bzw. gestrupptes und normales, bzw. glattes Serama-Gefieder im Vergleich. Fotos © Robert Höck

Schwarz-Weißgescheckte Serama-Junghenne der europäischen Zuchtrichtung. Foto © Robert Höck

lich weniger als 225 g wiegen, erbringen oft keine Nachkommen oder haben ein erhöhtes Risiko, an Legenot zu verenden. Daher sollte diese natürliche Grenze respektiert werden. Überwältigend ist die Vielfalt an Farbmustern und Grundfarben, denn es gibt wohl kaum eine Hühnerfarbe, die bei den Serama nicht auftritt. Nur sehr spezielle Farbgebungen, wie etwa die perfekte Säumung der Sebright oder eine klar abgesetzte Gipfelzeichnung der Lakenfelder, die eine jahrelange gezielte Selektion erfordern würde, sind nicht zu finden. Erlaubt ist im Grunde genommen alles, was der Zufall zustande bringt. Daneben wird inzwischen in kleinem Rahmen auch eine Farbenzucht betrieben

Der starke Überbau verrät sich bei diesem Ayam Serama-Hahn nicht zuletzt auch durch die extrem nach vorne gedrückte Brustpartie. Foto © Robert Höck

Leistungseigenschaften: Serama-Hennen legen jährlich etwa 40–60 cremefarbige Eier mit einem Gewicht von 20–24 g. Die Züchter brauchen also einen Großteil dieser Eier für die Zucht. Meistens werden die Eier serienweise abgelegt: Eine Henne produziert ein Gelege von 7–12 Eiern (was der natürlichen Gelegegröße entspricht) und schaltet dann auf den Brutmodus um. Erst Wochen später kommt dann das nächste Gelege. So ergeben sich im Laufe des Jahres starke Schwankungen, was die Gruppenlegeleistung anbelangt. Daher ist es für Züchter oft nicht möglich, innerhalb eines kleinen Zeitfensters von allen vorhandenen Hennen Bruteier zu sammeln.

Bruttrieb: Der Bruttrieb ist bei den Serama-Hennen so stark ausgeprägt, dass man die Rasse unter geeigneten Voraussetzungen allein durch Naturbrut erhalten kann. Nicht selten kommt es vor, dass mehrere Serama-Hennen gleichzeitig gluckig

Serama- Küken sind in ihrer ersten Lebenswoche deutlich empfindlicher als andere Hühnerküken, zeigen aber bereits toll die große Farbpalette! Fotos © Robert Höck

werden, gemeinsam in einem Gruppennest brüten und sogar die Küken gemeinsam aufziehen. Auch hier zeigt sich der friedliche und ruhige Grundcharakter dieser Hühner, denn normalerweise sind Glucken eher streitsüchtig. Dabei sind die Hennen der Europäischen Serama deutlich besser für die Aufzucht ihrer eigenen Küken geeignet als die Originaldamen, da sie schlichtweg robuster und mobiler sind. Serama-Küken sind anfangs sehr empfindlich und größere Hennen können sie besser wärmen und schützen.

Die Entwicklungszeit im Ei beträgt bei den Serama nur 19 Tage und ist damit kürzer als bei anderen Hühnerrassen. Das gilt es insbesondere bei der Kunstbrut zu beachten. Dabei hat sich immer wieder gezeigt, dass es am besten ist, Luftfeuchtigkeit und Temperatur bis zum Ende der Brutdauer unverändert zu lassen.

Empfehlungen für Zucht und Haltung: Wer sich Serama in den eigenen Garten holen will, sollte bedenken, dass die geringe Größe auch ein Nachteil sein kann. So empfiehlt es sich, die Tiere stets in einem katzensicheren Freigehege einzusperren, sofern solche Vierbeiner in der Umgebung „wohnen". Ihr puppenhaftes Aussehen, die geringen Platzanforderungen sowie das quietschend klingende Krähen der Hähne, das zu den leisesten Krährufen überhaupt zählt, machen die Serama zu den idealen Stadt- und Heimtierhühnern. Weltweit sind sie heute in vielen Ländern eine regelrechte Moderasse.

Keinesfalls sollte der Fehler gemacht werden, eine Farbenzucht zu betreiben und die Serama so in das Korsett der klassischen Ausstellungszucht zu pressen.

Echte Ayam-Serama Hähne präsentieren sich stets straff aufrecht wie kleine „Soldaten".

Madras

Madras sind nahe Verwandte der Asil und gehen auf die größeren Kulangtypen indischer Kampfhühner zurück, deren Heimat im Süden des Subkontinents zu verorten ist. In den 1960er-Jahren wurden sie nach Deutschland importiert und zunächst in der ehemaligen DDR anerkannt.

Es sind reichlich mittelgroße, kräftige und muskulöse Hühner mit aufgerichteter Haltung, Erbsenkamm, gelben Läufen und ausgesprochen kämpferischem Charakter. Die Farbenschläge sind Wildfarbig, Blau-Wildfarbig, Gold-Weizenfarbig, Blau-Weizenfarbig, Rotgesattelt, Rotgesattelt-Weizenfarbig und Blau-Rotbunt, wobei die Farbreinheit von untergeordneter Bedeutung ist.

Madras sind von zutraulichem Charakter und die Hennen haben einen sehr guten Brut- und Führungstrieb. Wie bei ihren Verwandten empfiehlt sich die Haltung als Paar und die frühzeitige Trennung der Junghähne. Die Legeleistung liegt zwischen 40 und 60 gelblich weißen bis hellbraunen, mindestens 50 g schweren Eiern.

Madras-Henne im Farbenschlag Wildfarbig.

Foto © Magnus Erdtmann

Sundanesische Kämpfer

Die Vorfahren der Sundanesischen Kämpfer stammen von verschiedenen Schlägen indonesischer Kampfhühner ab, die ab 1970 in den Niederlanden allmählich zum heutigen Typ entwickelt wurden.

Es handelt sich um ein mittelgroßes, schlankes Kampfhuhn mit aufgerichteter Haltung, mittellangen gelben Läufen, roten Ohrlappen, Erbsenkamm und waagerecht getragenem, gut entwickeltem Schwanz, das in seinem Habitus vom Malaien- zum Bankivatyp überleitet. Der einzige Farbenschlag ist Gold-Weizenfarbig.

Sundanesische Kämpfer sind sehr gute Brüter. Sie legen ca. 110 cremefarbige bis bräunliche, mindestens 45 g schwere Eier.

Ga Dong Tao

Die aus Vietnam stammenden Ga Dong Tao werden auch als Drachenhühner bezeichnet, und dieser Name ist in der Tat durchaus plausibel, wenn man sich das wichtigste, regelmäßig in Qualzucht-Diskussionen auftauchende Rassemerkmal näher anschaut: Die stark verdickten, knollenartigen und rötlich schimmernden Beine, die, durch sich abspreizende, aufgeworfene Schuppen „verziert„, mit etwas Phantasie tatsächlich an die schuppige Haut eines reptilienartigen Drachens denken lassen. Die Knollenbeine der Ga Dong Tao gelten in Vietnam als Delikatesse und werden in unterschiedlichen Qualitätsstufen zu teils hohen Preisen auf den Märkten gehandelt. Auch in Mitteleuropa wird die Rasse inzwischen von einigen eingefleischten Fans gezüchtet, die jedoch alle von Problemen wie niedrigen Schlupfraten und schlechten Aufzuchtergebnissen berichten. Zudem tun sich die Hähne mit ihren mas-

Relativ junge Tiere der Rasse Ga Dong Tao, bei denen bereits deutlich die verdickten Läufe ersichtlich werden.

Foto © Robert Höck

sigen Beinen zuweilen ausgesprochen schwer beim Tretakt. Es ist also nicht verwunderlich, dass ausgewachsene Ga Dong Tao generell recht bewegungsfaul sind. Habituell verkörpern Ga Dong Tao einen schweren Kämpferhabitus im Malaientyp und werden hauptsächlich in Gold-Weizenfarbig gezüchtet. Dabei können sie ein Gewicht von 4–6 kg erreichen. Die Legeleistung ist wie bei anderen Rassen ihres Typs eher gering, die mittelgroßen Eier sind weiß bis cremefarbig.

Javanische Zwerghühner

Diese Rasse wird im offiziellen Standard unter dem nicht ganz korrekten Begriff „Javanesisches Zwerghuhn" geführt, was aber wohl auf einen Übersetzungsfehler des französischen Namens „Javanaise" zurückzuführen ist. Zudem haben die Leger der in dieser Tönung einzigartigen türkisfarbigen Eier nicht das Geringste mit der besagten indonesischen Insel zu tun. Stattdessen entstanden sie ab 1934 im Zoo in San Diego, wohin Dr. Reuben Bustos, der Erstbeschreiber der Araucana, zur seinerzeitigen Weltausstellung solche Hühner aus Südamerika mitbrachte. Dort erfolgten dann Kreuzungen mit Bankivahühnern (vermutlich *Gallus gallus murghi* und *Gallus gallus spadiceus*), wodurch sich der heutige Typ der Rasse herausformte. Unklar ist lediglich, wer die fünfte Zehe beigesteuert hat, die allerdings in der Ursprungspopulation alles andere als gefestigt war. 1982 kam die Rasse dann nach Deutschland und von dort in das Elsass, bevor sie 1994 wieder nach Deutschland „reimportiert" wurde.

Ein bildschöner Javanischer Zwerghahn im Farbenschlag Orangehalsig. © Robert Höck

Phänotypisch zeigen die Tiere eine elegante Linienführung und eine volle, lange Befiederung im Typ der Sumatra, dazu fünfzehige, dunkelgrüne Läufe, gelblich-weiße Ohrscheiben und einen Erbsenkamm. Die primären Farbenschläge sind Goldhalsig und Orangehalsig, wobei aber nur ersterer unter der eher unpassenden Benennung „Rebhuhnfarbig" offiziell anerkannt wurde. Orangehalsige fallen aber immer noch gelegentlich aus den Goldhalsigen an. Obwohl die Rasse nicht sehr stark verbreitet ist, werden, anstatt sich der Festigung der originalen Orangehalsigen zu widmen, derzeit völlig unnötig diverse neue Farbenschläge auf Basis unterschiedlicher Kreuzungen produziert. Die Legeleistung liegt im Bereich zwischen 100 und 120 gelblichen, mindestens 35 g schweren Eiern, der Bruttrieb ist zumindest teilweise vorhanden.

Indio Gigante (Indian Giant)

Die Indio Gigante sind eine junge Hühnerrasse aus Brasilien, die erst in den 1990er-Jahren in ihrer heutigen Form gefestigt wurde. Erzüchtet wurde sie ganz gezielt als großrahmige Alternative zu den an sich schon imposanten Malaien und Shamo, die tatsächlich auch beide zu den wichtigsten Ausgangsrassen für das Vorhaben zählten. Das Zuchtziel wurde erreicht und so hat man heute 4–5 kg schwere Hähne, die immer wieder eine Standhöhe von einem Meter deutlich überschreiten. Die Tiere tragen einen Erbsen- oder Wulstkamm, haben gelbe Läufe und rote Ohrlappen.

Beeindruckend ist sicherlich ihre große Farbenvielfalt, die neben den häufigen Abwandlungen der Weizenfarbe auch andere typische Kämpferfarben wie Fasanenbraun und Varianten der Porzellanfarbe mit einschließt. Die Hennen legen weiße oder farbige Eier in den Tönungen beige, rot und blaugrün.

Indio Gigante bestechen mit einem besonnenen, freundlichen und ausgeglichenen Wesen, was nicht zu der Tatsache passt, dass es sich um typische Kämpfer im Malaien-Habitus handelt. Viele Hähne sind zum Kämpfen auch gar nicht mehr in der Lage, da es häufig zu Gelenkproblemen kommt und damit einhergehend zu lahmenden Tieren. Während der Aufzucht ist daher auf besonders mineralstoff- und vitaminreiche Fütterung zu achten.

Die stolze, aufrechte Haltung unterstreicht die übergroße Wirkung dieser Indio Giante-Hühner noch eindrücklicher!

Foto © Robert Höck

Rassen ostasiatischer Herkunft

Innerhalb der asiatischen Riesenhühner standen die Langschan, speziell die ursprünglichen Croad-Langschan, lange im Schatten der Brahma und Cochin, die als „Aushängeschilder" dieser Gruppe weltweit gut bekannt und verbreitet sind. Grund genug also, sie hier in aller Ausführlichkeit zu porträtieren.

Eine muntere Zuchtgruppe schwarzer Zwerg-Croad Langschan. Foto © Robert Höck

Croad Langschan und Deutsche Langschan

Mit den Langschan begegnet uns eine der vier basalen Ursprungsrassen aller seit dem 19. Jahrhundert in Europa, Amerika und Australien entstandenen schweren und mittelschweren Rassen im halbasiatischen Typ. Denn sie alle gehen entweder auf die Langschan, Cochin, Brahma oder die heute leider weitgehend unbekannten Java zurück.

Herkunft und Entstehung: Bevor es in Deutschland Croad-Langschan und Deutsche Langschan gab, sprach man ausschließlich von Langschan. So schreibt z. B. VÖLLSCHAU (1884), der die Rasse seinerzeit direkt importiert hat, dass die Langschan aus dem nordöstlichen, an Sibirien grenzenden Teil Chinas stammen und sowohl glattfüßig als auch mit befiederten Läufen vorkommen. Untermalt wird dies durch zwei dem entsprechende wunderschöne Abbildungen, die eindeutig die Form der heutigen Croad-Langschan in beiden Varianten erkennen lassen. Auch andere Autoren verorten ihre Heimat in den Nordchina, die Mandschurei, die Mongolei und Südsibirien umfassenden Raum, von wo aus sie 1872 nach England und schließlich von 1879–1883 durch mehrere Importe auch nach

(1) Eine typische Zwerg-Croad-Langschan-Henne, die den Habitus der Großrasse im Kleinformat sehr gut verkörpert.
(2) An diesem rastendem Zwerg-Croad Langschan-Hahn sieht man sehr schön die rassetypische Laufbefiederung.
(3) Formschöner Croad Langschan-Hahn der Großrasse auf einer Geflügelschau.
(4) Man beachte die Knopfaugen mit dem dunklen Blick bei diesem schwarzen Deutschen Langschan-Hahn.
(5) Ein großer Deutscher Langschan-Hahn des Farbenschlages Braunbrüstig. Fotos © Robert Höck

Deutschland gebracht wurden. Und tatsächlich gibt es auch heute noch Langschan in China, die ihren europäischen Verwandten in allen wesentlichen Merkmalen gleichen, schwarzes Gefieder haben und, das legen zumindest entsprechende Fotos nahe, glattfüßig sind. In Deutschland wurde dann, beginnend bereits in den 1880er-Jahren und unter dem Einfluss von schwarzen Plymouth Rocks, Minorka und Sumatra, die glattfüßige Variante zunächst im ursprünglichen Schwarz, dann in Weiß (aus Schwarz gefallen) und schließlich unter Mitwirkung weiterer Rassen in Blau, Gelb und Gesperbert etabliert. Erst 1921 spricht Dürigen dann explizit von Deutschen Langschan, die durch Umformung der Croad Langschan entstanden sind, wobei die Urform verschwunden ist.

Dass es dennoch wieder Croad-Langschan in Mitteleuropa gibt, ist USA-Importen der 1950er-Jahre zu verdanken, die Tiere der damals vorhandenen Farben Schwarz und Weiß nach Deutschland brachten.

Der Name der Rasse leitet sich vom Langshan-Gebirge (= Wolfsberg) im Norden Chinas ab, aus dessen Tiefebenen Major F. T. Croad die

schweren Hühner erstmals 1872 nach England brachte. Seine Nichte A. C. Croad züchtete mit den importierten Tieren weiter und etablierte sie fest in der Welt der englischen Hühnerrassen. Nach ihr wurde die Rasse dann schließlich auch benannt und 1904 der Croad Langshan Club in England gegründet. Eine ähnliche Entwicklung wie in Deutschland vollzog sich auch in England, indem man aus den Croad Langschan die Modern Langshan, eine sehr hochgestellte und unter dem Einfluss von Malaien entstandene Variante konstituierte. Unabhängig davon wurde in Australien mit den Australian Langshan ein wieder stärker an den Croad Langschan orientierter Typ hervorgebracht, kreiert aus ebendiesen, einer „chinesischen Langschan-Leistungslinie"

und schwarzen Orpington. Molekulargenetische Untersuchungen weisen die Croad Langschan erwartungsgemäß als nahe Verwandte der Cochin und Brahma aus (WRAGG et al. 2012).

Erscheinungsbild: Beide Rassen sind große, relativ hochgestellte Hühner mit breitem und tiefem Körper, Einfachkamm, roten Ohrlappen, voller mittellanger Befiederung und je nach Farbenschlag dunkel- bis hellblauen Läufen. Unterschiede bestehen in der Laufbefiederung, die bei den Croad Langschan moderat ausgebildet ist und bei den Deutschen Langschan komplett fehlt, sowie in der Rückenlinie, die bei den Croad Langschan lyraförmig verläuft, bei den Deutschen Langschan hingegen kontinuierlich ansteigt.

Croad Langschan kommen ursprünglich in Schwarz und Weiß vor, die Blauen wurden 1987 in den USA anerkannt und später auch nach Deutschland eingeführt.

Deutsche Langschan werden neben Schwarz auch in Weiß, Blau-Gesäumt und Braunbrüstig gezüchtet. Weiße und Blau-Gesäumte wurden, nachdem zwischenzeitlich ausgestorben, in den 1970er-Jahren zeitgleich zur Entstehung der Braunbrüstigen neu erzüchtet. Die früher vorhandenen Gelben und Gesperberten sind ausgestorben.

Leistungseigenschaften: Croad Langschan legen zwischen 90–140 dunkelbraune, mindestens 58 g schwere Eier. Ob sie oder eine andere Rasse die extrem dunkle Eischalenfarbe der Marans, zu deren Vorfahren sie nachweislich gehören, beigesteuert haben, muss bis dato unklar bleiben.

Deutsche Langschan legen etwa 100–150 Eier mit einem Mindestgewicht von ebenfalls 58 g, die aufgrund des Einflusses der anderen hinzugenommenen Rassen heller als bei ihren maßgeblichen Vorfahren und strohgelb bis braungelb gefärbt sind.

Bruttrieb: Der Bruttrieb ist bei beiden Rassen vorhanden und insbesondere bei den Croad Langschan stark ausgeprägt.

Wesenseigenschaften: Beide Rassen sind ruhig, friedlich und, wie alle Vertreter ihres Typs, sehr zu-

Deutscher Zwerg-Langschan-Hahn (1) und Deutsche Zwerg-Langschan-Henne (2) in Birkenfarbig. Fotos © Robert Höck

traulich. Auch neigen sie allein schon aufgrund ihres Gewichts nicht zum Fliegen. Ihr angenehmes Wesen macht sie zu ausgezeichneten Garten- und Familienhühnern.

Empfehlungen für Zucht und Haltung: Grundsätzlich sind beide Rassen robust und unproblematisch in Zucht und Haltung. Auch sind hohe Zäune wegen der geringen Flugaktivität nicht vonnöten.

Möglicherweise auftretende Probleme in der Haltung hängen fast immer mit dem hohen Gewicht der Tiere zusammen und den damit einhergehenden Fußwerkproblemen, speziell bei älteren Tieren. Sitzstangen sollten daher nur in moderaten Höhen zwischen 40 und 80 cm angebracht werden, um Verletzungen beim Absprung zu vermeiden. Ältere Tiere bewegen sich oft nicht gern, sollten aber trotzdem durch einen abwechslungsreichen Auslauf dazu animiert werden.

Zwergformen: Nachdem bereits in den USA, in England und den Niederlanden vorhanden, erschienen Zwerg-Croad Langschan 1993 auch in Deutschland. Es handelte sich um niederländische Tiere der schwarzen Variante, aus denen alsbald auch Weiße anfielen. Ihnen folgten später noch die Blau-Gesäumten. Je nach Zuchtlinie legen sie zwischen 90 und 160 braune, 42–48 g schwere Eier.

Eine der frühesten Verzwergungen überhaupt stellen die Deutschen Zwerg-Langschan dar, deren Anfänge sich bis ins Jahr 1902 zurückverfolgen lassen. Tiere der Großrasse, Zwerg-Cochin, Bantam, silberhalsige Landzwerghühner und birkenfarbige Moderne Englische Zwergkämpfer trugen ihren Anteil zu dieser Züchtung bei, die zunächst im schwarzen und dann im weißen Farbenschlag in Erscheinung trat. Erstmals gezeigt 1910, fanden sie sofort begeisterte Aufnahme. Danach erschienen Rote und Blau-Gesäumte, die jedoch den Zweiten Weltkrieg nicht überlebten und später neu erzüchtet wurden. Weiter hinzu kamen in den 1950er-/1960er-Jahren in der Schwarzzucht angefallene Birkenfarbige, bei deren Festigung mithilfe (offenbar spalterbiger) birkenfarbiger Moderner Englischer Zwergkämpfer auch Orangebrüstige anfielen. Gestreifte Zwerg-Plymouth Rocks halfen in den 1960er-Jahren bei der Entstehung der Gestreiften, denen 1993 die Blau-Orangebrüstigen folgten. Die jüngsten Farbenschläge sind Gelb, Weiß-Schwarzcolumbia und Blau-Birkenfarbig.

Deutsche Zwerg-Langschan legen im ursprünglichen schwarzen Farbenschlag zwischen 110 und 150 gelbliche, mindestens 42 g schwere Eier, während die Leistung der übrigen Farbenschläge aufgrund der unterschiedlichen verwendeten Ausgangsrassen deutlich stärker schwankt und sich im Bereich von 70–200 Eiern bewegt. Besonders gute Leger sind dabei die Blau-Gesäumten und Roten. Die Zwerge sind von ruhigem, angenehmem Wesen und brüten deutlich häufiger als die seltene Großform.

Rassen japanischer Herkunft

Die japanischen Rassen sind das Resultat mehrerer Importe, die teils vom chinesischen Festland, teils von Südostasien ausgingen. Die genetische Signatur dieser unterschiedlichen Herkünfte lässt sich bis heute an den verschiedenen Rassen ablesen.

Tôtenkô

Als Langkräher und Langschwanzrasse zugleich sind die Tôtenkô eine überaus exklusive japanische Hühnerrasse, denn sie zeigen einmal mehr, dass japanische Hühnerzüchter es vortrefflich verstehen, ungewöhnliche Eigenschaften ihrer Hühner stimmig zu kombinieren.

Herkunft und Entstehung: Wie bereits in Band 1, S. 144, dargestellt, gehören die Langschwanzrassen nach den Landhuhnvarianten (Jidori) zu den ältesten japanischen Haushühnern, die schon während der Heian-Epoche (794–1192) durch einen Botschafter aus dem chinesischen Distrikt Changzhou eingeführt wurden. Konkret sichtbar werden sie auf Gemälden und in Aufzeichnungen des 12. und 13. Jahrhunderts, wo bereits ihre älteste Form, die Shôkoku (abgeleitet von Changzhou) namentlich benannt wird. Diese zeigen sowohl eine ausgeprägte Schwanzbefiederung als auch die Anlage zum verlängerten Krähruf, was zur Etablierung unterschiedlicher Zuchtziele und so letztlich zur Entstehung zweier neuer Rassen, den Tôtenkô und Onagadori, führte.

Folgerichtig weist auch die Neighbor-Joining-Analyse beide als Schwesterrassen aus, die zusammen mit den ebenfalls langschwänzigen Ohiki eine distinkte Verwandtschaftsgruppe innerhalb der japanischen Rassen bilden. Sie ist gekennzeichnet durch eine fast komplette Dominanz des japanischen Clusters mit Frequenzen von 90–

Totenko werden ausschließlich im Farbenschlag Goldhalsig gezüchtet. Hier ist einer der wenigen europäischen Zuchtstämme bei Familie Klausmann in Deutschland zu sehen. Foto © Markus Klausmann

(1) Ein Totenko-Junghahn im Kopfprofil.
(2) Wie bei vielen japanischen Hühnerrassen sind auch beim Totenko-Hahn Hals-, Sattel- und Schwanzfedern deutlich verlängert.

Fotos © Markus Klausmann

100 %, was auf eine lange währende reproduktive Isolation und eigenständige Entwicklung hinweist.

Auch wenn sicher weitaus älter, werden die Tôtenkô erstmals 1879 in der japanischen Literatur sichtbar und 1913 in den Standard ihres Heimatlandes aufgenommen. Die Einfuhr nach Deutschland erfolgte 1989.

Erscheinungsbild: Tôtenkô sind die elegantesten der japanischen Langkräher und präsentieren sich als relativ leichtes Huhn mit fließenden Linien, langem, vollem Schwanz, ausgeprägter Besichelung der Hähne, Einfachkamm, weißen Ohrscheiben und weidengrünen Läufen. Der einzige Farbenschlag ist Goldhalsig.

Krähruf: Die Hähne haben einen besonders melodischen Krähruf, der im Allgemeinen etwa 15 Sekunden andauert, aber auch deutlich darüber hinausgehen und sich bis über 20 Sekunden erstrecken kann.

Leistungseigenschaften: Die Legeleistung ist im Bereich von etwa 120 gelblich-weißen bis bräunlichen Eiern mit einem Gewicht von mindestens 45 g einzuordnen.

Wesenseigenschaften: Tôtenkô sind zutrauliche, aufmerksame und wenig aggressive Tiere, die trotz ihres leichten Landhuhnhabitus nicht zur Nervosität neigen. Bei entsprechender Betreuung werden sie leicht zahm. Sie sind zwar flugfähig, machen aber aufgrund ihres ruhigen Wesens von dieser Fähigkeit nur selten Gebrauch.

Bruttrieb: Der Bruttrieb ist bei den Tôtenkô noch vorhanden und tritt bei vielen Hennen regelmäßig in Erscheinung.

Empfehlungen für Zucht und Haltung: Genau wie bei den Koeyoshi und Tômaru sollte dem Erhalt der positiven Wesenseigenschaften und des charakteristischen Krährufs oberste Priorität in der Erhaltungszucht zukommen. Dazu ist es notwendig, stets alle Junghähne aufzuziehen und so lange zu behalten, bis der Krähruf abschließend beurteilt werden kann. Dem kommt der Umstand entgegen, dass die Hähne nur wenig zur Aggression neigen. Wegen der langen Schwanzfedern sollte der Auslauf möglichst trocken und frei von Matsch sein. Da der Ausgangsbestand in Mitteleuropa nur sehr klein war, besteht eine erhöhte Gefahr von Inzuchtdepressionen. Daher empfiehlt sich zur Aufrechterhaltung der genetischen Variation der Einsatz möglichst vieler Vatertiere.

Ohiki

Die Ohiki sind eine weitere Perle der japanischen Hühnerzucht, die so außergewöhnliche Merkmale wie Langschwänzigkeit und Kurzbeinigkeit mit dem Habitus eines Zwerghuhns kombiniert, was in dieser Form einzigartig in der Hühnerwelt ist.

Herkunft und Entstehung: Ohiki stammen aus der südjapanischen Präfektur Kôchi, wo sie nach dortigen Quellen in der späten Edo-Epoche (1600–1868) entstanden sind. Sie gehen zurück auf basale Populationen langschwänziger Hühner, die schon während der Heian-Epoche (794–1192) aus China eingeführt wurden und auch die Vorfahren der heutigen Shôkoku, Onagadori und Totenko sind. Dementsprechend bilden die Ohiki im Neighbor-Joining zusammen mit den Onagadori und Totenko eine distinkte Verwandtschaftsgruppe, die im Admixture durch eine praktisch komplette Dominanz des Japanischen Clusters gekennzeichnet ist, also jener Komponente, die charakteristisch ist für die ältesten Schichten der japanischen Haushuhnfauna. Der Zwergwuchs und die verkürzten Läufe lassen aber auch einen zusätzlichen (wenn auch vielleicht geringen) Input japanischer Zwerghühner vom Typ der Chabo möglich erscheinen, der zur Ausbildung der heutigen Rassemerkmale beigetragen hat.

Ohiki wurden bereits 1921 erstmals nach Deutschland eingeführt, ohne dass man seinerzeit ihren eigenen Rassestatus erkannt hat. Man hielt sie vielmehr für ein Art „japanische Zwerg-Phönix" und nutzte sie kurzerhand beim Aufbau der hiesigen Zwerg-Phönix-Population, ohne ihre Zucht als Ohiki weiterzuführen. Danach dauerte es ganze 70 Jahre, bis sie in den 1990er-Jahren erneut und diesmal dauerhaft den Weg nach Deutschland fanden.

Erscheinungsbild: Als ein Konglomerat aus Zwerg-Phönix, Zwerg-Orpington und Zwerg-Krüpern wurden die Ohiki seinerzeit von WANDELT & WOLTERS (1998) durchaus treffend beschrieben. Das tiefstehende Zwerghuhn mit Einfachkamm, gelblich-weißen Ohrscheiben, weidengrünen Läufen und langer, üppiger Schwanzbefiederung (Ohiki bedeutet Schwanzschlepper) wirkt elegant und kompakt zugleich. Nicht nur die Sichelfedern des Hahns sind stark verlängert, auch der Sattelbehang fällt ebenso wie das Halsgefieder überaus lang aus. Dabei ist der Hahnen-

Ohiki Hahn und Henne im Farbenschlag Goldhalsig. Foto © Magnus Erdtmann

schwanz vergleichsweise breit aufgefächert und zusätzlich in sich gewölbt. Vergleichbar ist diese breite Schwanzwölbung mit jener der ebenfalls japanischen Satsumadori, bei denen dieses Merkmal sogar noch stärker ausgeprägt ist. Auch die Ohiki-Hennen zeigen eine deutliche Biegung des verlängerten Schwanzgefieders.

Das Farbenschlag-Repertoire beschränkt sich auf die beiden „klassischen" Wildfarbenvarianten Gold- und Silberhalsig.

Leistungseigenschaften: Die Hennen legen jährlich zwischen 90 und 120 hellbraune, mindestens 33 g schwere Eier.

Wesenseigenschaften: Ohiki bestechen durch ein überaus angenehmes Wesen. Sie haben einen ruhigen, vertrauensseligen Charakter, werden leicht handzahm und sind untereinander verträglich.

Bruttrieb: Der Bruttrieb ist bei den Ohiki grundsätzlich vorhanden und kommt auch relativ häufig zum Vorschein. Die Küken sind am Anfang oft sehr empfindlich und brauchen einige Tage, um zu Kräften zu kommen. Während dieser Zeit sollten sie möglichst geschützt und sorgsam untergebracht sein. Danach sind sie jedoch robust, frohwüchsig und unkompliziert.

Empfehlungen für Zucht und Haltung: Bei der Herauszüchtung der Ohiki mit ihren kurzen Läufen und dem ausladenden Schwanzgefieder stand stets die Idee im Fokus, ein „Heimtier" und formschönes Zierhuhn für den Garten zu schaffen. Solche Hühner benötigen saubere, gepflegte Rasenflächen, glatte Sandeinstreu in der Voliere und schmutzfreie Einstreu in den Ställen, um ihren Züchtern und Fans genau dieses Bild zu vermitteln.

Trotz einer recht gut ausgeprägten Kältetoleranz ist aus diesen Gründen auch eine sorgsame, schneefreie Unterbringung im Winter anzuraten, denn für Eis und Schnee sind Hühner dieses Typs definitiv nicht gemacht.

Ohiki gehören wie auch die Chabo und Krüper zu den kurzbeinigen Rassen. Ob bei ihnen jedoch dieselben genetischen Faktoren zur Ausbildung dieses Merkmals vorliegen wie bei diesen oder einer dieser Rassen, ist derzeit noch Gegenstand der Forschung.

Trotzdem sollte bei der Zusammenstellung der Zuchtstämme stets darauf geachtet werden, sehr kurzbeinige Tiere nicht miteinander zu verpaaren.

(1) Ohiki-Hähne haben ein langgezogenes, schleppend getragenes Schwanzgefieder.

(2) Eine typische Ohiki-Henne mit gerundetem Hinterteil. Fotos @shutterstock/yoshi0511

Japanische Kämpferrassen im Malaientyp

Wie in Band 1, S. 142, dargestellt, liegen die Ursprünge der japanischen Kämpfer in Südostasien, von wo aus ihre Vorfahren im 16. Jahrhundert nach Japan importiert wurden. Mittlerweile werden zahlreiche dieser Rassen auch in Mitteleuropa gezüchtet, von denen zum einen die Shamo, Yamato Gunkei und Ko Shamo, und zum anderen die Tuzo und Yakido distinkte Verwandtschaftsgruppen bilden.

Shamo

Die Bezeichnung Shamo ist abgeleitet von Siam und wird in Japan übergreifend für Hühner des Malaientyps verwendet. Die in Mitteleuropa als Shamo standardisierte Rasse entspricht dabei weitgehend jener Zuchtform, die in Japan unter dem Namen Ô-Shamo (= große Shamo) geführt wird.

Herkunft und Entstehung: Shamo wurden seit etwa 1880 mehrfach nach Deutschland eingeführt, wobei die heutige Population auf Importe des Jahres 1953 zurückgeht. Seitdem wurden sie weitgehend unverfälscht erhalten, denn die genetischen Typisierungen im SYNBREED-Projekt ordnen sie klar innerhalb der japanischen Rassen ein und bescheinigen ihnen einen asiatischen Genpool von über 90 %, der mit knapp 70 % vom Südostasiatischen Cluster, also dem „Marker" der malaioiden Kämpfer, dominiert wird. Hinzu kommt die japanische Komponente mit knapp 15 %, gefolgt von chinesischen Anteilen im Umfang von 10 %.

Erscheinungsbild: Shamo sind große, muskulöse, hochgestellte, fast senkrecht aufgerichtete Hühner mit stolzer Haltung und langem Hals, was den selbstbewussten Charakter der Tiere nochmals unterstreicht. Komplettiert wird das Bild durch den kämpfertypischen Erbsenkamm, die damit assoziierten reduzierten Kehllappen, die gelben Läufe und das knappe, dicht anliegende Gefieder.

Ein selbstbewusster Shamo-Hahn mit der für seine Rasse üblichen stark aufgerichteten Körperhaltung.

Foto © Robert Höck

Anerkannte Farbenschläge sind:

- Wildfarbig, Blau-Wildfarbig, Goldhalsig, Rotgesattelt,
- Gold-Weizenfarbig, Silber-Weizenfarbig, Blau-Weizenfarbig,
- Birkenfarbig, Schwarz-Rot, Schwarz-Silber, Blau-Rot, Blau-Silber,
- Schwarz, Weiß, Blau, Gesperbert,
- Schwarz-Weißgescheckt, Weiß-Schwarzgescheckt, Rotbunt, Blaubunt und
- Fasanenbraun,

wobei die Farbreinheit jedoch von untergeordneter Bedeutung ist.

Leistungseigenschaften: Die Hennen legen recht konstant, wobei jährlich 70–80 bräunliche, mindestens 53 g schwere Eier zu erwarten sind.

Wesenseigenschaften: Wie auch andere Rassen des Malaientyps sind Shamo eher ruhige und zutrauliche Tiere. Als Kampfhühner, die sich ihre Instinkte bewahrt haben, sind sie mutig und gegenüber Artgenossen aggressiv, was nicht nur die Hähne, sondern auch die Hennen betrifft.

Bruttrieb: Shamo-Hennen brüten regelmäßig und sind dann gute Glucken. Wegen der knappen Befiederung empfiehlt sich eine Brut aber nur während der warmen Jahreszeit.

Empfehlungen für Zucht und Haltung: Shamo verfügen noch über die typischen Kampfhuhneigenschaften, weshalb mehrere Hähne nicht zusammen gehalten werden sollten und Junghähne frühzeitig zu trennen sind. Wie bei anderen Kämpfern auch kann ein Althahn zu den Junghähnen gesetzt werden, um sie bis zum Erreichen des Erwachsenenalters „im Zaum zu halten". Da auch die Hennen, sofern nicht zusammen aufgewachsen, untereinander recht unverträglich sind, ist die Integration neuer Tiere in den Bestand schwierig. Im günstigsten Fall werden Shamo als Paar gehalten.

Gut zu sehen ist hier die federfreie, vertikale Linie im Brustbereich dieses schwarzen Yamato Gunkei-Hahns.

Foto © Magnus Erdtmann

Yamato Gunkei

Die in Deutschland seit den 1980er-Jahren gezüchteten Yamato Gunkei verkörpern einen vergleichsweise kleinen, jedoch äußerst kräftigen, bulligen und tiefgestellten Shamotyp mit steil aufgerichteter Haltung, sehr knapper Befiederung, breiter Stirn, fleischigem Gesicht, starker Kehlwamme, Walnusskamm (was genetisch einem Wulstkamm entspricht) und kräftigen gelben Läufen. Typisch sind der „Garnelenschwanz„, der durch die nach oben gebogenen Sicheln gebildet wird, und die „Fünfbogenline„, bestehend aus den markanten breiten Schultern, dem Rücken und den Flügeln.

Gezüchtet werden Yamato Gunkei in Wildfarbig, Gold-Weizenfarbig, Silber-Weizenfarbig, Schwarz, Blau und Gesperbert.

Die Legeleistung hat bei den Yamato Gunkei zu keiner Zeit eine Rolle gespielt. Sie legen ca. 40 cremefarbige bis bräunliche Eier mit einem Mindestgewicht von 35 g.

Charakteristisches Verhaltensmerkmal ist das „Tänzeln" des Hahns, ein Balzverhalten, bei dem er sich um die eigene Achse dreht und auf den Zehenspitzen trippelt.

Ko Shamo

Ein wenig wie die Zwergform der Yamato Gunkei wirkend repräsentieren die Ko Shamo (= kleine Shamo) die kleinste Variante japanischer Kampfhühner. Sie gleichen damit einem regelrechten Urzwerg unter den japanischen Kämpferrassen. Nach Deutschland gelangten sie in den 1990er-Jahren.

Genetisch schließen sie sich im Neighbor-Joining eng an die Shamo an und zeigen auch im Admixture eine ähnliche Clusterung mit einem dominierenden südostasiatischen Anteil von 70 %, der durch die japanische Komponente komplettiert wird.

Trotzdem wäre es falsch, die Ko Shamo schlichtweg als Zwergvariante der Shamo zu betrachten. So wirken sie im Körperbau deutlich kompakter, weniger lang gestreckt und zeigen die charakteristische „Fünfbogenline„, ähneln also weitaus mehr den Yamato Gunkei. Ihre Läufe und Schenkel sind kürzer und der Hals ist eher gerade anstatt s-förmig gebogen. Hinzu kommt, dass sie anstelle eines Erbsenkamms wie die Yamato Gunkei einen Walnusskamm sowie die typische Kehlwamme tragen.

Als Farbenschläge sind in Deutschland anerkannt:

- Gold-Weizenfarbig, Silber-Weizenfarbig, Blau-Weizenfarbig, Rotgesattelt-Weizenfarbig,
- Weiß, Schwarz, Blau, Gesperbert,
- Gelb mit schwarzem Schwanz, Weiß mit schwarzem Schwanz,
- Schwarz-Rot und Schwarz-Weißgescheckt.

Die Legeleistung beträgt 70–90 cremefarbige bis bräunliche, mindestens 30 g schwere Eier.

Ko Shamo werden bei achtsamem Umgang sehr zahm und zutraulich. Sie eignen sich daher speziell für Jugendliche hervorragend als Einstiegsrasse in die Kämpferzucht. Im Verhaltensrepertoire entsprechen sie den Yamato Gunkei, was auch das „Tänzeln" der Hähne betrifft.

(1) Ko Shamo-Henne mit Walnusskamm und Kehlwamme.

(2) An diesem Ko Shamo-Zuchtpaar zeigt sich, dass Hahn und Henne beim Farbenschlag Gelb mit schwarzem Schwanz unterschiedlich hell gefärbt sind.

(3) Wie Zinnsoldaten stehen diese Ko Shamo-Junghähne des Farbenschlages Gelb mit schwarzem Schwanz.

(1) Mit Ruhe und Gelassenheit wacht dieser schwarze Tuzo-Hahn über seine große Hennenschar. Foto © Robert Höck
(2) Einen tollen Grünlack zeigt dieses Tuzo-Zuchtpaar im klassichen Farbenschlag Schwarz. Foto © Robert Höck

Tuzo

Tuzo, selbstbewusste, forsche Hühner im Kämpfertypus, sind zwar in den USA entstanden, haben aber japanische Wurzeln.

Herkunft und Entstehung: Erste Tiere der Rasse kamen 1965 aus den USA zunächst in die Niederlande und von dort in den 1970er-Jahren neben weiteren Direktimporten schließlich auch nach Deutschland. Die Benennung der Rasse geht auf ein Gemälde aus dem Jahr 1928 zurück, das ein kleines Shamo-ähnliches Kampfhuhn zeigt, das mit Tuzo bezeichnet wird und für das man folgerichtig einen japanischen Ursprung annahm. Da jedoch in Japan keine Rasse dieses Namens bekannt ist, handelt es sich wohl eher um eine amerikanische Züchtung, die aber zweifellos auf japanische Importe zurückgeht.

Starke äußere Gemeinsamkeiten bestehen zu den Yakido, wobei diese jedoch signifikant größer und schwerer sind als die Tuzo. Ebenfalls ähnlich im Typ, jedoch deutlich kleiner und leichter sind die Nankin-Shamo, während die teils hennenfiedrigen Kinpa ein den Tuzo durchaus vergleichbares Größenformat aufweisen. Vermutlich sind daher Letztere, die sich von den Tuzo hauptsächlich durch die

kürzere Schwanzbefiederung unterscheiden, als eine ihrer maßgeblichen Vorfahren anzusehen.

Erscheinungsbild: Tuzo werden gelegentlich als „kleinste Großrasse" bezeichnet, denn aufgrund ihrer Größe und ihres Gewichts sind sie zwar noch keine Zwerghühner, für eine Großrasse allerdings schon vergleichsweise zierlich. Trotzdem wirken sie in ihrer Gesamterscheinung alles andere als schmächtig, denn der stämmige, breit gestellte

(3) Autor Robert Höck mit einem formschönen Tuzo-Hahn im Farbschlag Weiß. Foto ©Magnus Erdtmann

Körperbau mit den für Kämpfer typischen Augenwülsten, dem kleinen Erbsenkamm und den kräftigen Läufen erweckt vielmehr einen massigen und kraftvollen Gesamteindruck. Nicht zuletzt durch die relativ stark entwickelte Schwanzpartie mit fließender Linienführung wirken sie aber trotzdem elegant und filigran. Die Ohrlappen sind rot, die Läufe variieren je nach Farbenschlag von schwarz mit gelblichen Sohlen über schiefergrau und hornfarbig bis hin zu weidengrün und weiß.

Die ersten nach Europa importierten Tuzo waren schwarz. Seit den 1980er-Jahren wurden hier noch die Farbenschläge Weiß, Gold-Weizenfarbig, Blau, Schwarz-Weißgescheckt und Gesperbert erzüchtet, von denen die ersten beiden auch im Heimatland präsent sein sollen.

Leistungseigenschaften: Die Legeleistung liegt bei etwa 40–70 weißen bis gelblichen Eiern mit einem Gewicht von mindestens 35 g.

Wesenseigenschaften: Als Kämpfer haben Tuzo einen willensstarken, selbstbewussten und forschen Charakter, sind dabei aber absolut liebenswerte Hühner und keineswegs so aggressiv, wie ihre Wurzeln vermuten lassen. Ihrem Halter gegenüber werden sie leicht zahm und haben dann auch kein Problem damit, in die Hand genommen zu werden. Probleme gibt es eher mit der Verträglichkeit der Hähne und teils auch der Hennen untereinander.

Bruttrieb: Wie bei anderen Kampfhühnern auch ist der Bruttrieb bei den Tuzo noch ausgeprägt vorhanden, sodass regelmäßig brütende Hennen zu erwarten sind.

Empfehlungen für Zucht und Haltung: Da die Tiere untereinander recht unverträglich sein können, empfiehlt sich die Haltung mehrerer kleiner Zuchtgruppen, z. B. Trios. Ebenso möglich sind größere Bestände in weitläufigen Zuchtanlagen, in denen sich die Aggression gleichmäßig verteilen kann. Auch ein schlichtender Althahn erweist sich als hilfreich, um Ruhe in die Gruppe zu bringen. Wegen ihres ruhigen und zutraulichen Wesens sind Tuzo auch für die Haltung kleiner Gruppen im Garten geeignet.

Yakido

Die Yakido wurden erst in diesem Jahrhundert nach Mitteleuropa eingeführt. Sie entstanden in der Meji-Periode um ca. 1850 in Mitteljapan (Mie-Präfektur) und sind nahe Verwandte der Kinpa und Koeyoshi (OSMAN et al. 2006).

Wie bereits geschildert, entsprechen sie den Tuzo im Erscheinungsbild weitgehend, sind jedoch größer und schwerer. Sie werden ausschließlich in Schwarz gezüchtet, haben gelbe oder gelbschwarze Läufe und legen etwa 80 cremefarbige bis bräunliche Eier mit einem Gewicht von mindestens 50 g.

Bezüglich Wesenseigenschaften, Bruttrieb und Haltungsempfehlungen gilt alles, was auch für die Tuzo gesagt wurde. Noch sind sie in Europa sehr selten.

Satsumadori

Satsumadori repräsentieren den Prototyp eines eleganten bankivoiden Kampfhuhns, dessen Erscheinungsbild stark an Rassen wie Sumatra, Yokohama oder Kraienköppe erinnert. Trotzdem sind sie ursprünglich reine Kampfhühner, die primär für den Kampf mit Metallsporen gezüchtet wurden.

Herkunft und Entstehung: Der Name der Rasse bezieht sich auf die Halbinsel Satsuma in der südjapanischen Präfektur Kagoshima, in der sie am Ende der Edo-Periode, also etwa Mitte des 19. Jahrhunderts, aus Shamo und Shôkoku entstanden sein soll. Diese Version deckt sich aber nur teilweise mit den Ergebnissen genetischer Typisierungen (OSMAN et al. 2006), die zwar einen Bezug zu den Shôkoku, nicht jedoch den Shamo erkennen lassen. Danach sind ihre nächsten Verwandten die aus derselben Region stammenden kurzbeinigen Jitokko, mit denen sie im Neighbor-Joining einen eigenen Zweig bilden. Dieser ordnet sich zwischen den Shôkoku-Verwandten und einer Gruppe von Rassen an, zu der auch die Seidenhühner und Rhodeländer gehören und für die daher ein chinesischer Ursprung angenommen werden kann. Aus dieser chinesisch basierten Gruppe zeigen die Hinaidori die größte phänotypische Gemeinsamkeit mit den Satsumadori, denen sie hinsichtlich mehrerer Merkmale, wie z. B. Kopfpunkte und Zeichnungsbild, weitgehend entsprechen. Hinaidori sind jedoch breiter, gedrungener und tiefer gestellt, entsprechen also mehr dem Cochintyp. Vermutlich waren es Hühner aus ihrem verwandtschaftlichen Umfeld, die neben den Shôkoku-Verwandten den zweiten signifikanten Ahnenteil der Satsumadori lieferten.

In den 1980er-Jahren kamen die ersten Tiere nach Belgien und in die Niederlande, seit 1996 wird die Rasse auch in Deutschland gezüchtet.

Erscheinungsbild: Satsumadori zeigen eine elegante Landhuhnform mit stolzer, aufgerichteter Haltung, voller Befiederung, Erbsenkamm, roten Ohrlappen und gelben Läufen. Im Vergleich zu ihrer imposanten Körperhöhe von bis zu 75 cm (Hahn) bzw. 60 cm (Henne) sind die Tiere vergleichsweise leicht, was eine ideale Voraussetzung für ein wendiges und bewegliches Kampfhuhn ist.

Herausragendes Attribut ist der breit und geradezu schirmartig gefächerte Schwanz, der besonders beim Hahn in Erscheinung tritt und bei dem die Federn fast kuppelartig angeordnet sind. Ein Merkmal, das auf vielen Fotos nur schwer erkannt

Nicht nur das ausdrucksstarke Gesicht dieser Satsumadori-Henne, sondern auch das breit gefächerte Schwanzgefieder im Hintergrund verdient Beachtung.

Foto © Magnus Erdtmann

werden kann, wenn die Tiere von der Seite fotografiert wurden. Im Heimatland zeigen die wertvollsten Hähne vergleichsweise lange Schwanzfedern, deren Spitzen aufgrund ihrer stabilen Beschaffenheit auch bei Überlänge den Boden kaum berühren.
Anerkannte Farbenschläge in Mitteleuropa sind Wildbraun, Silber-Wildfarbig und Weiß; in Japan werden zudem auch Schwarze gezüchtet.

Leistungseigenschaften: Ähnlich wie bei anderen reinen Zierrassen ist die Legeleistung von untergeordneter Bedeutung. Sie variiert im Bereich von 30–60 gelblich-weißen bis hellbraunen, mindestens 45 g schweren Eiern.

Wesenseigenschaften: Satsumadori sind intelligente und aufmerksame Hühner. Die ausgesprochene Ruhe einiger europäischer Zuchtlinien soll aber nicht ihrem ursprünglichen Wesen entsprechen. Japanische Züchter haben einst bewusst einen agilen und aufgeweckten Charakter präferiert, denn nur in Erregung zeigen die Hähne ihr volles optisches Potenzial. Satsumadori werden ungemein zahm, sofern man sich vom Jungtieralter an viel mit ihnen beschäftigt. Sie lernen schnell, ihre Halter einzuschätzen und ihr Verhalten daran anzupassen.

Bruttrieb: Die Hennen haben einen ausgeprägten Bruttrieb und sind gute Glucken. Da sie sich gegenüber ihren Stallgenossinnen äußerst aggressiv verhalten können, sollten sie für eine stressfreie Brut besser isoliert werden. Die Hähne beteiligen sich zuweilen an der Aufzucht größerer Küken, sofern die Glucken es zulassen.

Empfehlungen für Zucht und Haltung: Prinzipiell gelten für Satsumadori die gleichen Empfehlungen wie auch für andere traditionelle Kampfhuhnrassen. Sie stellen keine besonderen Ansprüche an Stall und Auslauf, sind jedoch in puncto Verträglichkeit nicht mit „klassischen" Hühnerrassen vergleichbar. Die Haltung mehrerer Hähne in einer Gruppe ist im Normalfall nicht möglich und auch die Hennen zeigen ein entsprechendes Aggressionspotenzial. Daher sollten die Junghähne rechtzeitig getrennt und auf die Integration neuer Hennen in eine Gruppe möglichst verzichtet werden. Im günstigsten Fall werden die Tiere paarweise gehalten, womit auch ein Maximum an genetischer Variation erhalten bleibt.

(1) Weiße Satsumadori-Henne mit breit getragenem Schwanzgefieder sowie den typischen gelben Läufen.
(2) Satsumadori-Henne im Farbenschlag Silberhalsig.
(3) Seltene und vornehme Gäste auf europäischen Geflügelschauen:
Satsumadori-Hahn und Henne in Weiß und Silberhalsig. Fotos © Magnus Erdtmann

Rassen im Halbasiatischen Typ

Viele Rassen dieses Typs gehören zu den beliebtesten Hühnern überhaupt, was sicher ihrem meist recht zutraulichen Wesen und ihrer überwiegend unkomplizierten Haltung zuzuschreiben ist.

Plymouth Rocks und Amrocks

Plymouth Rocks werden oft fälschlicherweise für eine britische Hühnerrasse gehalten. Zwar sind sie auch auf den Britischen Inseln sehr beliebt und können dort auf eine 170 Jahre währende Zuchtgeschichte zurückblicken. Entstanden sind sie jedoch in der gleichnamigen, aber viel weniger bekannten Stadt im US-Bundesstaat Massachusetts. Auch das amerikanische Plymouth ist eine Hafenstadt, und so war es einst wohl ein Leichtes, diese typisch amerikanische Nutzrasse in alle Welt zu verbreiten, nachdem sich ihre Leistungsfähigkeit erst einmal herumgesprochen hatte.

Bei den Amrocks handelt es sich um eine spezielle, auf hohe Leistung selektierte Zuchtlinie der Plymouth Rocks. Während im deutschen Sprachraum streng zwischen den beiden Rassen unterschieden wird, findet man sie in der internationalen Literatur oft als ein und dieselbe Rasse unter dem Begriff „Barred Rocks" beschrieben. Auch die niederländischen Hühnerexperten Esther Verhoff und Aad Rijs schreiben in ihrer viel gelesenen Hühner-Encyclopedie: „The two can be considered as one and the same breed coming in two types.„

Herkunft und Entstehung: Die ersten als Plymouth Rocks bezeichneten Tiere wurden 1849 in Boston präsentiert, doch standen sie nicht in Zusammenhang mit der heutigen Züchtung. Diese geht vielmehr auf eine Kreuzung einfachkämmiger Dominikaner-Hähne mit schwarzen Java- und Cochin-Hennen zurück, wie mittlerweile auch molekulargenetisch sicher nachgewiesen wurde (GUO et al. 2019). Sie wurden 1869 in Worcester/Massachusetts erstmals gezeigt. Die mittlerweile

1

(1) Eine formschöne Gruppe junger Plymouth Rocks.
(2) Gelbe Läufe und ein feines Streifenmuster kennzeichnen diesen Plymouth Rocks-Hahn.
(3) Plymouth Rocks-Hähne haben üblicherweise ein eher knapp ansitzendes, relativ kurz besicheltes Schwanzgefieder.
(4) Eine Zwerg-Plymouth Rocks-Henne im Farbenschlag Silberfarbig-Gebändert.
(5) Amrocks-Henne im Kopfprofil mit eher kleinem Einfachkamm und kurzen Kehllappen. Fotos © Robert Höck

extrem seltenen Java sind eine alte amerikanische Züchtung asiatischen Ursprungs, die dem Kreis der „Riesenhühner" zuzurechnen ist und daher in verwandtschaftlichem Bezug zu Cochin, Brahma und Croad-Langschan steht.

Genetisch dominiert bei den Plymouth Rocks erwartungsgemäß das Chinesische Cluster mit rund 80 %, während der übrige Teil von den verschiedenen europäischen Komponenten gebildet wird. Letztere sind zweifellos ein Erbe der Dominikaner, die als Rasse gemischter Herkunft zu etwa gleichen Teilen aus asiatischen und europäischen Herkünften zusammengesetzt sind.

Die Amrocks wurden in den USA aus den Plymouth Rocks erzüchtet und sind eine auf Frohwüchsigkeit und Legeleistung selektierte Farmhuhn-Linie, die 1948 nach Deutschland eingeführt wurde.

Erscheinungsbild: Plymouth Rocks sind große, kräftige Hühner mit breitem, tiefem und gerundetem Körper. Sie haben einen mittelgroßen Einfachkamm, rote Ohrlappen, gelbe Läufe und eine volle, relativ kurze Befiederung. Bei den Hennen haben die Läufe oft einen leichten Schwarzanflug. Dieser ist zum Teil schon bei den Küken ersichtlich und erleichtert zusätzlich zur Sperbergenetik die Geschlechtererkennung massiv.

Die basalen Gestreiften zeigen eine modifizierte Variante der Sperberung, bei der die Zeichnung sehr fein und fast linienförmig ausgebildet ist. Weiße und Schwarze sind ebenfalls sehr alt und fielen bereits bei der Herauszüchtung der Gestreiften an. Ihnen folgten die Gelben, die aus weißen Plymouth Rocks, Rhodeländern, gelben Cochin und gelben Orpington erzüchtet wurden, während die Rebhuhnfarbig-Gebänderten ihre Entstehung der Kombination von entsprechend gefärbten Cochin, gestreiften Plymouth Rocks, fasanenbraunen Indischen Kämpfern, braunen Leghorn und gold-schwarzgesäumten Wyandotten verdanken. Später kamen noch die Farbenschläge Silberfarbig-Gebändert und Weiß-Schwarzcolumbia hinzu.

Amrocks sind im Schnitt noch etwas schwerer als die Plymouth Rocks und zeigen im Vergleich zu diesen eine gröbere Streifung. Leichte Unterschiede bestehen auch in der Form: Während die Rückenlinie bei den Plymouth Rocks direkt hinter dem Hals steil nach hinten ansteigt, verläuft sie bei den Amrocks zunächst eher waagerecht mit nur geringer Steigung vor dem Schwanzansatz.

Während im Deutschen streng zwischen der groberen Sperberung und der feineren Streifung unterschieden wird, bezeichnet man im Englischen beides zumeist als „Barred„.

(1) Eine formschöne Amrocks-Henne mit gelben Läufen und kontrastreicher, breiter Streifung des Gefieders.
(2) Ein Amrocks-Zuchthahn mit idealem Habitus und perfektem Schwanzgefieder.
(3) Züchterin Karin inmitten ihrer preisgekrönten Amrocks. Hier wird ersichtlich, wie großrahmig die Rasse tatsächlich ist.
(4) Amrocks sind bereits als Küken kennfarbig. Hier links ein Hennenküken, rechts ein heller gezeichnetes Hahnenküken. Fotos © Robert Höck

Leistungseigenschaften: Plymouth Rocks sind seit jeher der Inbegriff einer typischen Zweinutzungsrasse, die sowohl als Fleisch- wie auch als Legehuhn überzeugen kann. Als solche zählten sie Ende des 19. Jahrhunderts zu den weltweit gefragtesten Nutzhuhnrassen. Auch wenn sie mittlerweile ausschließlich in der Hobbyzucht gehalten werden und nicht mehr mit den kommerziellen Linien mithalten können, ist ihre Legeleistung von je nach Farbenschlag 120–170 dunkelgelben, mindestens 58 g schweren Eiern trotzdem immer noch relativ gut. Auch gelten sie als sehr gute Winterleger.

Besonderen Einfluss hatten Plymouth Rocks auf die Entwicklung bedeutender Wirtschaftsrassen, der sich nicht allein auf die Amrocks beschränkt. So bildeten die Weißen (White Rocks) zusammen mit weißen Indischen Kämpfern (White Cornish) die maßgebliche Grundlage der heutigen Masthuhn-Linien. Aktuell werden Hennen einer kommerziellen White-Rocks-Linie gezielt mit Vorwerkhühnern gekreuzt, um so eine leistungsstarke Gebrauchskreuzung, das Kollbecksmoor-Huhn, zu etablieren. Bei ihm kann man Hähne und Hennen schon als Küken unterscheiden, da die White-Rocks-Hennen den geschlechtsgebundenen Silberfaktor S tragen, den sie nur auf die dann fast weißen Söhne übertragen. Ziel dieses Projekts ist die Erhaltung des Vorwerkhuhns als notwendigen Bestandteil dieser Gebrauchskreuzung.

Die Amrocks haben das große Glück, dass es in Deutschland noch Züchter gibt, die nicht nur Wert auf gute Optik legen, sondern auch die Leistungsmerkmale dieser ausgesprochenen Zweinutzungsrasse im Auge behalten haben. So liegt die mittlere Legeleistung recht konstant bei 160–170 braunen bis cremefarbigen Eiern mit einem Gewicht von 60–70 g. Dabei sind die Amrocks eher spätreif und beginnen oft erst im 7. oder 8. Monat mit dem Legen. Die Hähne sind frohwüchsig und haben hervorragende Masteigenschaften bei guter Fleischqualität. Sie sollten daher in jedem Fall aufgezogen werden.

Wesenseigenschaften: Beide Rassen sind schon als Küken recht ruhig, zahm und ausgelassen. Auch ausgewachsen haben sie ein angenehmes, zutrauliches und verträgliches Wesen, sind wenig schreckhaft, emsige Futtersucher und neigen kaum zum Fliegen. Sie gelten als robust, witterungsresistent und wenig krankheitsanfällig. Die Hähne sind in den Junggesellengruppen zumeist gut verträglich. Selbst wenn die Tiere nicht handzahm werden sollten, lassen sie sich in der Regel leicht einfangen und sind unkompliziert in der Handhabung.

Bruttrieb: Der Bruttrieb ist bei den Plymouth Rocks noch grundsätzlich vorhanden, tritt aber nicht bei allen Hennen auf. Er kommt dann ab der zweiten Legeperiode und oft erst im Juli oder August zum Vorschein.

Empfehlungen für Zucht und Haltung: Beide Rassen sind aufgrund ihres zutraulichen und friedlichen Wesens sowie ihrer Anspruchslosigkeit ideale Garten- und Familienhühner, die auch für Selbstversorger eine Option sind. Aufgrund ihrer Größe ist jedoch ein ausreichend großer Stall Voraussetzung. Besonders bei kleineren Ausläufen sollte darauf geachtet werden, dass die Hühner nicht zu viel Futter erhalten, da sie dann, wie viele andere schwerere Rassen, zum Verfetten neigen, was besonders ab der zweiten Legeperiode eintreten kann. Besonders in gemischten Haltungen mit leichteren Legerassen kann das zum Problem werden.

Auch in großen, gut strukturierten Ausläufen sind die Tiere oft bewegungsfaul und die Fitness muss über gezielte Fütterung erhalten werden. Sitzstangen im Stall sollten breite Aufsitzflächen von mindestens 4,5 cm haben und nicht höher als 80 cm über dem Boden montiert sein, um größere, die Gelenke schädigende Sprünge zu vermeiden. Das Federkleid sitzt bei den Amrocks auffallend locker und so kommt es durch regelmäßige Tretakte besonders schnell zum Federverlust im Rückenbereich der Hennen. Mindestens sechs Hennen sollte ein Hahn also zur Verfügung haben, doch ist er auch mit zehn Hennen nicht überfordert. Bei Stress oder beengten Platzverhältnissen zupfen sich die Hennen gelegentlich die Federn des Brust- und Aftergefieders heraus, was jedoch auch zuchtlinienabhängig ist.

Zwergformen: Gesteifte Zwerg-Plymouth Rocks entstanden ab 1908 in Deutschland aus einem Hahn der Großrasse, grauen (= gesperberten) Zwerg-Schotten, gesperberten Bantam und Zwerg-Cochin. Später kamen noch gestreifte Zwerg-Wyandotten hinzu. Die verschiedenen Farbenschläge der Zwerg-Wyandotten spielten auch bei der Herauszüchtung der Varianten Schwarz, Weiß, Blau, Gelb, Goldhalsig, Braun-Gebändert, Rebhuhnfarbig-Gebändert und Silberfarbig-Gebändert eine maßgebliche Rolle.

Zwerg-Plymouth Rocks sind zutraulich, frohwüchsig und robust. Sie weisen eine gute Fruchtbarkeit und allgemein hohe Schlupfraten auf. Das macht sie ebenso wie die Großrasse zu idealen Garten- und Familienhühnern. Die Legeleistung variiert im Bereich von 120–170 gelblichen Eiern mit einem Gewicht von mindestens 35 g. Wie bei den Großen ist der Bruttrieb zwar vorhanden, jedoch unterschiedlich stark ausgeprägt.

Zwerg-Amrocks entstanden ab 1972. Sie entsprechen im Wesen ihrem großen Pendant und legen relativ konstant 150 bräunlich-gelbe, mindestens 40 g schwere Eier. Die Hennen glucken zum Teil schon im ersten Jahr und das dann bereits im Frühjahr.

Dieser kompakte Hahn verkörpert das Zwergformat der Amrocks. Foto © Robert Höck

Sussex

Sussex zählen nicht nur zu den leistungsstärksten in Europa entstandenen Zweinutzungsrassen, sie haben in der Folge auch maßgeblich die Entwicklung anderer Rassen, wie etwa der deutschen Sundheimer, beeinflusst. Da die Sussex auch im 20. Jahrhundert noch eine solide und verlässliche „Marke" geblieben ist, lässt sich mit ihrem Namen durchaus Geld verdienen. Leider werden inzwischen auch in größerem Stil kommerziell gezüchtete Hybridhühner unter ihrem Namen angeboten, was besonders Anfänger oft nicht bemerken. Es ist daher immer besser, direkt zum organisierten Züchter zu gehen, der zudem mit praktischen Tipps den Start erleichtern kann.

Herkunft und Entstehung: Sussex entstanden in den südenglischen Grafschaften Sussex, Surrey und Kent als reines Nutzhuhn und wurden 1845 erstmals bei einer Schau präsentiert. Sie haben primär dieselbe Basis wie die ebenfalls südengli-

(1) Ein hübscher Sussex-Zuchtstamm des klassischen Farbenschlages Weiß-Schwarzcolumbia.
(2) Ein Sussex-Paar in Weiß-Schwarzcolumbia.
(3) Sussex-Hennen in Weiß-Schwarzcolumbia.
(4) Sussex-Hahn in Weiß-Schwarzcolumbia mit rassetypischen fleischfarbenen Läufen und einem kompakt ansitzenden Schwanzgefieder. Foto © Robert Höck

(1) Sussex-Henne in Gelb-Schwarzcolumbia.

(2) Zwerg-Sussex-Henne in Braun-Porzellanfarbig.

Fotos © Robert Höck

schen Dorking, wurden von diesen jedoch durch die Einkreuzung schwerer asiatischer Rassen sowohl geno- als auch phänotypisch getrennt.

Glaubt man englischen Angaben, sind die Braun-Porzellanfarbigen (früher als Bunte bezeichnet) die älteste und dem Urtyp am nächsten stehende Variante. Ihr Zeichnungsbild lässt Verbindungen zu den Altenglischen Kämpfern, der zusammen mit den Dorking ältesten englische Rasse, erkennen, während die Weiß-Schwarzcolumbia als häufigste Variante ihre Entstehung dem späteren Input von Brahma und Cochin verdanken; die seinerzeit schwarzbrüstigen und heute wohl nicht mehr vorhandenen Roten entstanden unter dem Einfluss Indischer Kämpfer.

Diese Hühner produzierten ein vortreffliches Tafelfleisch und waren auch frühreifer als ihre Ausgangsrassen, was dem Handel mit Hühnerfleisch zu einem erheblichen Aufschwung verhalf und den Londoner Markt speziell mit „Sussex chicken" versorgte.

Und so dauerte es auch nicht lange, bis die Rasse 1903/04 in den Farbenschlägen Braun-Porzellanfarbig, Weiß-Schwarzcolumbia und Rot nach Deutschland verbracht wurde, wobei die Roten nach einiger Zeit wieder verschwanden.

Erscheinungsbild: Sussex zeigen einen breiten, tiefen, kastenförmigen und waagerecht getragenen Körper mit mittellanger Befiederung, Einfachkamm, roten Ohrlappen und fleischfarbigen Läufen.

Zu den bereits genannten Farbenschlägen kamen noch Gelb-Schwarzcolumbia, Wildbraun, Grausilber und Rot-Schwarzcolumbia hinzu.

Leistungseigenschaften: Die Legeleistung liegt im Bereich von 120–170 gelben bis gelbbraunen, teils gesprenkelten Eiern mit einem Mindestgewicht von 60 g.

Wesenseigenschaften: Sussex sind von ruhigem Temperament und ausgeglichenem Wesen. Sie sind zutraulich und können leicht zahm werden. Auch neigen sie nicht zum Überfliegen ihrer Umzäunungen.

Bruttrieb: Trotz der relativ guten Legeleistung ist der Bruttrieb bei den Sussex noch vorhanden. Nicht selten werden die Hennen in älterer Literatur sogar als besonders gute und solide Glucken hervorgehoben.

Empfehlungen für Zucht und Haltung: Genau wie viele andere Rassen des halbasiatischen Typs sind Sussex weitgehend unproblematisch in Fragen von Zucht und Haltung und damit grundsätzlich für verschiedene Haltungsformen geeignet. Auch an die Umzäunungen stellen sie aufgrund ihrer geringen Flugaktivität keine besonderen

Ansprüche. Zum Aufbau des recht voluminösen Körpers und zur Gewährleistung einer guten Legeleistung sollte eine ausreichende Mineralstoffversorgung immer gegeben sein.

Unter dem Aspekt der Erhaltungszucht sollten die Braun-Porzellanfarbigen als vermutlich älteste und ursprünglichste Variante verstärkt im Fokus stehen.

Zwergform: Zwerg-Sussex in Weiß-Schwarzcolumbia wurden erstmals 1924 in England gezeigt und gelangten 1936 auch nach Deutschland. Hier überstanden sie den Zweiten Weltkrieg jedoch nicht und mussten daher in den 1950er-Jahren komplett neu erzüchtet werden; die Basis bildeten ein Deutscher Zwerghahn und eine Spätbruthenne der Großrasse. Die Braun-Porzellanfarbigen entstanden etwa zeitgleich aus dem entsprechenden Großformat, porzellanfarbigen Federfüßigen Zwergen, Altenglischen Zwerg-Kämpfern, Zwerg-Rhodeländern und Zwerg-Wyandotten. 1956 wurden in Köln bereits wieder 28 Tiere der beiden Farbenschläge gezeigt. Später kamen dann noch Grausilber, Gelb-Schwarzcolumbia, Wildbraun und Rot-Schwarzcolumbia hinzu.

Im Wesen der Großform entsprechend und mit einem ausgeprägten Bruttrieb ausgestattet, bewegt sich die Legeleistung im Bereich von 120 bis 160 gelbbraunen bis hellbraunen, teils braun gesprenkelten Eiern mit einem Gewicht von ca. 45 g.

Deutsche Reichshühner

Auch wenn es schwer zu glauben ist, an der Entstehung der Deutschen Reichshühner hat de facto keine einzige indigene, also in Deutschland auf Basis heimischer Landhühner entstandene Rasse mitgewirkt. Stattdessen entstanden sie aus der Kombination verschiedener seinerzeit populärer Rassen, die allesamt zuvor nach Deutschland eingeführt wurden.

Zu verstehen ist das nur aus dem damaligen Zeitgeist heraus: Heimische Landschläge hatten im Vergleich zu neu eingeführten und oftmals „durchgezüchteten" Rassen keinen sonderlich

(1 + 2) Im Farbenschlag Silber-Schwarzgesäumt ist dieser Deutsche Reichshahn bereits von weitem eine überaus zierende Erscheinung.

Fotos © Robert Höck

1

2

hohen Status. Sie galten als unspektakulär und „gewöhnlich„. Aus dieser Logik heraus konnte ein „deutsches Nationalhuhn" dann auch nur auf bereits etablierten „gefestigten" Rassen beruhen, wobei das spezifisch „Deutsche" sich dann aus der charakteristischen Kombination dieser Rassen ergab. Dem Ganzen lag auch der damals verbreitete Gedanke zugrunde, dass man durch die Verpaarung leistungsstarker Elterntiere noch leistungsstärkere Nachzuchten erhält.

Wichtig zu wissen ist, dass dies alles um 1900 im damaligen Kaiserreich geschah, also mit der unseligen deutschen Geschichte der 1930er- und 1940er-Jahre nicht das Geringste zu tun hat.

3

Herkunft und Entstehung: Die Idee zur Erzüchtung der Deutschen Reichshühner entstand bei Karl Cremat, dem Verleger der Zeitschrift Nutzgeflügelzucht, bereits 1895. Wenige Jahre später wurde sie Wirklichkeit, indem bis 1907 die Weißen aus jeweils weißen rosenkämmigen Orpington, Wyandotten, rosenkämmigen Minorka, La Fleche und möglicherweise auch Dorking sowie die Weiß-Schwarzcolumbia aus weißen rosenkämmigen Orpington, hellen Wyandotten, Minorka, Sundheimern und zum Teil hellen Brahma entstanden. Ein gemeinsamer Ursprung der Farbenschläge liegt also nicht vor, wenngleich es mit den Orpington, Wyandotten und

4

Minorka durchaus eine Schnittmenge der verwendeten Ausgangsrassen gibt.

Erscheinungsbild: Deutsche Reichshühner haben eine gestreckte, abgerundete, waagerecht getragene Rechteckform, mittellanges Gefieder, rote Ohrlappen und tragen einen Rosenkamm, dessen Dorn der Nackenlinie folgt. Die Augen sind rot, können bei birkenfarbigen Hennen aber auch braun sein; die Läufe sind fleischfarbig mit teils rötlichen Streifen an den Seiten, wobei sie bei den Hennen der dunklen Farbenschläge Schwarz und Birkenfarbig auch in Grau übergehen können.

Nach den beiden Ursprungsfarben Weiß-Schwarzcolumbia und Weiß wurden ab 1908 die Gestreiften aus Mechelnern, gestreiften Plymouth Rocks, Dominikanern und möglicherweise auch Grauen Schotten erzüchtet, denen die Roten, entstanden von 1909 bis 1926 aus weißen Reichshühnern, Rhodeländern und jeweils gelben Orpington und rosenkämmigen Italienern, folgten. Später kamen noch die Farbenschläge Schwarz, Gelb-Schwarzcolumbia, Birkenfarbig, Silber-Schwarzgesäumt und Gold-Schwarzgesäumt hinzu.

(1) Deutsche Reichshenne im Farbenschlag Silber-Schwarzgesäumt.

(2) Dieser Deutsche Reichshahn des roten Farbschlages zeigt schön den rassetypischen Habitus mitsamt der charakteristischen fleischfarbenen Läufe.

(3) Deutsche Zwerg-Reichshühner im Farbenschlag Rot.

(4) Der Rosenkamm soll bei den Hennen flach aufliegend und glatt sein.

(5) Eine rote Reichshenne, welche gut den langgestreckten Körperbau mit der ziemlich waagerechten Rückenlinie veranschaulicht. Foto © Robert Höck

Leistungseigenschaften: Die Hennen legen zwischen 110 und 160 rahmgelbe, mindestens 55 g schwere Eier, wobei sich besonders die Weißen als gute Leger hervortun.

Wesenseigenschaften: Deutsche Reichshühner entsprechen in ihrem Wesen weitgehend vergleichbaren Rassen im halbasiatischen Typ. Sie sind also eher ruhig, gelassen und zutraulich und können bei entsprechender Betreuung durchaus zahm werden. Dabei sind sie emsige Futtersucher und nicht sonderlich flugaktiv.

Bruttrieb: Der Bruttrieb ist in Abhängigkeit von Farbenschlag und Zuchtlinie teils vorhanden, kommt aber nicht regelmäßig zum Vorschein.

Empfehlungen für Zucht und Haltung: Deutsche Reichshühner gehören zu jenen Rassen, die grundsätzlich unproblematisch in Zucht und Haltung sind. Daher sind sie ideal für die ganzjährige Freilaufhaltung im Selbstversorgerbereich ausgestattet.

Zwergform: Die Verzwergung im Farbenschlag Weiß-Schwarzcolumbia erfolgte in den 1930er-Jahren mit Tieren der Großrasse und entsprechend gefärbten Zwerg-Wyandotten. Später kamen unter Verwendung weiterer Rassen noch die Varianten Weiß, Gestreift, Birkenfarbig, Orangebrüstig, Schwarz, Rot, Gelb-Schwarzcolumbia, Weiß-Blaucolumbia, Rost-Rebhuhnfarbig, Silber-Schwarzgesäumt, Gold-Schwarzgesäumt, Braun-Porzellanfarbig und Kennfarbig hinzu.

Auch bei den Zwergen ist der Bruttrieb teilweise vorhanden. Sie sind überwiegend von ruhigem Wesen und legen zwischen 100 und 150 gelbliche bis bräunliche, mindestens 40 g schwere Eier.

Rhodeländer (Rhode Island Red)

Weltweit betrachtet sind die Rhodeländer oder Rhode Island Red zweifellos eine der einflussreichsten Hühnerrassen überhaupt, denn ihre Nachfahren, die allseits bekannten Braunleger-Hybriden, versorgen den Weltmarkt alljährlich mit Milliarden von Eiern. Umso erfreulicher ist daher, dass auch die originalen Rhodeländer noch gezüchtet werden und im Laufe der Zeit nichts von ihren guten Qualitäten als solide Wirtschaftshühner eingebüßt haben.

Herkunft und Entstehung: Die Rhodeländer verdanken ihre Herkunft und ihren Namen dem kleinsten der US-amerikanischen Bundesstaaten, dem an der Ostküste gelegenen Neuenglandstaat Rhode Island. Schon in der ersten Hälfte des 19. Jahrhunderts begann man dort, die Hühnerzucht zu intensivieren, und betrieb eine konsequente Selektion der immer wieder durch asiatische Importe aufgefrischten Hühnerbestände in Richtung einer hohen Legeleistung. Bereits kurz nach 1850 sollen aus solchen Vermischungen dann relativ einheitliche Herden mit vorwiegend roten Tieren entstanden sein, weil sich unter den Siedlern hartnäckig das Gerücht hielt, die roten Tiere wären die besten Leger. Mit dem Wissen, dass rote Hühner besonders beliebt sind und sich daher auch stets besser verkaufen würden, konnten sich die Züchter vollständig auf diese Farbe fokussieren. Das „Red" hatte hier also eine tiefere Bedeutung, als man in Europa vielleicht annehmen mag, und stand für eine ganz bestimmte „Marke„.

(1) Im grünen Gras hebt sich die rote Farbe der Rhode Island Reds besonders schön ab. Foto © Robert Höck

Hartnäckig hält sich dabei die schon von DÜRIGEN (1921) und BLANCKE et al. (1925) geäußerte Auffassung, dass gelbe Cochin bzw. Shanghais und braunrote Malaien die Hauptbasis der Rhodeländer bildeten. Was auch immer seinerzeit unter dem Begriff „braunrote Malaien" gehandelt wurde, Malaien in unserem heutigen Sinn waren es ganz sicher nicht, denn die genetische Typisierung der Rhodeländer lässt den dafür notwendigen „Marker„, das Südostasiatische Cluster, komplett vermissen. Stattdessen dominiert mit ca. 70 % die chinesische Komponente, was den Beitrag der Cochin und verwandter Zuchtformen aus dem Kreis der schweren asiatischen Rassen hinreichend belegt. Danach kommen, genau wie bei ihren Nachfahren, den New Hampsphire, etwa 20 % der Baunleger-Cluster, womit beide von allen typisierten Rassen erwartungsgemäß diejenigen mit den höchsten Braunlegerwerten sind. Den Rest bilden verschiedene europäische Cluster, die auf Hühnern basieren, die von den ersten Siedlern aus Europa mitgebracht wurden. Nach Deutschland kamen die ersten Rhodeländer im Jahr 1903.

Rodeländer Hahn mit schönen gelben Läufen und tiefrotem Gefieder.

Foto @shutterstock/Ton Ponchai

(2) Für viele Menschen verkörpern Rodeländer besonders typische Bilderbuchhühner!
(3) Kamm und Kehllappen sollen bei Rodeländer-Hennen nicht allzu groß ausfallen. Fotos © Robert Höck

Erscheinungsbild: Rhodeländer sind gut mittelgroße, kräftige Hühner in Rechteckform mit waagerechter Haltung, knapp mittellangem Schwanzgefieder, dunkelroter Farbe und gelben Läufen. Neben den Einfachkämmigen gibt es auch eine seltene rosenkämmige Variante.

Das namengebende Rot der Rhodeländer steht dem Gelb der Cochin oder Orpington genetisch nahe und unterschiedet sich von diesem lediglich in einem Allel. Es basiert auf der Weizenfarbe e^{wh} und den beiden Eumelanin-Restriktoren Columbia (Co) und Dark brown (Db), wodurch das schwarze Pigment nahezu komplett zurückgedrängt wird. Der Phaeomelanin-Verstärker Mahogany (Mh) intensiviert dann die Goldfärbungen zu Rot. Bei den gelben Rassen kommt zusätzlich noch der Phaeomelanin-Verdünner Dilute (Di) hinzu, der bei den Rhodeländern jedoch fehlt und zu folgender Erbformel führt: e^{wh} Co Db Mh di^{+} s^{+}.

Daneben entstanden in den USA auch Rhode Island Whites, also weiße Rhodeländer. Diese konnten sich aber nirgendwo auf der Welt in großer Zahl etablieren und werden auch im mitteleuropäischen Raum nicht gezüchtet.

Leistungseigenschaften: Rhodeländer sind nach wie vor herausragende Legehühner. Die in der Regel frühreifen Hennen legen jährlich zwischen 170 und 180, teils bis zu 200 braune bis dunkelbraune, mindestens 58 g schwere Eier. Zudem sind die Hähne frohwüchsig, weshalb man die Rhodeländer mit Recht zu den wirklich guten Zweinutzungsrassen zählen kann.

Wesenseigenschaften: Der Charakter der Rhodeländer ist ruhig, freundlich und ausgeglichen. Sie sind zutraulich, werden leicht zahm und neigen nicht zum Überfliegen ihrer Umzäunungen.

Bruttrieb: Der Bruttrieb ist nicht vorhanden und auch aus züchterischer Sicht nicht gewünscht.

Empfehlungen für Zucht und Haltung: Rhodeländer sind durchweg unkompliziert, was ihre Zucht und Haltung anbelangt. Sie stellen keine besonderen Ansprüche an Stall und Auslauf.

Neueinsteiger sollten bei der Anschaffung jedoch vorsichtig sein, denn nicht nur Züchter verkaufen Rhodeländer, auch in den Katalogen und Verkaufslisten der Geflügelhändler taucht die Bezeichnung „Rhodeländer" immer wieder auf. Dabei handelt es sich aber in aller Regel um die klassischen braunen Legehybriden, die außer ihrer Herkunft nicht mehr viel mit den weitaus schöneren Originalen zu tun haben.

Zwergform: Zwerg-Rhodeländer entstanden schon um 1910 in England, wurden aber nahezu zeitgleich auch in Deutschland herausgezüchtet. Dabei verfolgte man mehrere parallele Ansätze, die später zusammengeführt wurden. Einer umfasste einen „Landzwerg„-Hahn und eine Henne der Großrasse, ein weiterer die Großrasse, gelbe Zwerg-Cochin, Zwerg-Langschan und Bantam. Erstmals gezeigt wurden sie 1914, in größerer Anzahl dann ab 1920.

Auch sie sind sehr gute Leger mit einer Jahresleistung von 150–170 braunen, mindestens 45 g schweren Eiern und entsprechen in ihren Eigenschaften weitgehend der Großform.

Auch bei den Rodeländern zeigen Hahn und Henne einen deutlichen Größenunterschied. Foto © Robert Höck

Dresdner

Die Dresdner sind eine von gleich mehreren Hühnerrassen, die nach deutschen Städten benannt sind. Somit befinden sie sich mit den Bielefeldern, Sundheimern, Augsburgern und Frankfurter Zwerghühnern in passender Gesellschaft. Außerhalb Deutschlands sind sie immer noch kaum verbreitet, dabei haben sie gute Nutzeigenschaften und blicken nun auch schon auf eine über 70-jährige Zuchtgeschichte zurück.

Herkunft und Entstehung: Die Idee zur Erzüchtung der Dresdner entstand 1948, als Alfred Zumpe aus der englischen Kriegsgefangenschaft Bruteier einer gut legenden New Hampshire-Linie mitbrachte und die Nachzucht daraus mit einer seiner Wyandotten-Hennen kreuzte. Sein Ziel war es, eine leistungsstarke Hühnerrasse mit Rosenkamm zu schaffen, die auch ungünstigen Wetterbedingungen gewachsen ist. In der Folge nahm er noch weitere Kreuzungen vor, besonders mit Rhodeländern, bis die neue Rasse 1953 erstmals vorgestellt wurde. Da der Erzüchter aus Dresden stammte, lag es nahe, die neue Schöpfung ganz einfach nach der Stadt ihrer Entstehung zu benennen. Die Bemühungen Alfred Zumpes wurden im Jahr 1955 belohnt, als die Rasse in der ehemaligen DDR offiziell anerkannt wurde. Da ein Austausch zwischen den beiden deutschen Staaten zu dieser Zeit noch einfacher möglich war, erfolgte die Zulassung in Westdeutschland schon drei Jahre später. Einziger Farbenschlag war zunächst Goldbraun, heute schlicht als Braun bezeichnet.

Erscheinungsbild: Auch wenn die Dresdner von den Wyandotten zweifelsfrei ihre flachen Rosenkämme vererbt bekommen haben, sieht man ihnen ihre hauptsächliche Abstammung von den New Hampshire dennoch bis heute an, was dazu führt, dass sie oft für rosenkämmige New Hampshire gehalten werden.

Dementsprechend sind sie gut mittelgroße, kräftige Hühner mit gerundetem Körperbau und voller, dichter, mittellanger Befiederung, roten Ohrlappen und gelben Läufen.

(1) Ein Dresdner-Zuchtstamm bei der mittäglichen Ruhepause unter Gehölzen. Nur der Hahn hält Wache.
(2) Dresdner-Junghahn im Farbenschlag Braun.
(3) Dresdner-Henne im Farbenschlag Braun. Fotos © Robert Höck

Beim Hauptfarbenschlag Braun präsentiert der Hahn einen braunen Halsbehang mit schwarzen Schaftstrichen, einen ebenfalls braunen Sattelbehang und kastanienbraune Schultern, komplettiert durch dunkelgrün schillernde schwarze Schwanzfedern. Die Henne ist rötlich braun mit schwarzem Schwanz und schwarzen Schaftstrichen im Halsgefieder. Als Nächstes kamen Weiße hinzu, die mithilfe weißer Wyandotten entstanden sind und 1961 erstmals gezeigt wurden, sowie Schwarze, die in den frühen 1970er-Jahren über braune Dresdner, schwarze Wyandotten, schwarze Barnevelder und schwarze Plymouth Rocks erzüchtet wurden. Jüngeren Datums sind dann die Rost-Rebhuhnfarbigen (erzüchtet über Welsumer) und die Braun-Blaugezeichneten.

Leistungseigenschaften: Dresdner legen je nach Zuchtlinie 100–170 gelbbraune Eier mit einem Gewicht von mindestens 55 g.

Wesenseigenschaften: Charakterlich sind die Dresdner ruhige und wenig flugaktive Hühner, zu-

(1) Zwerg-Dresdner sind lebhafte und umtriebige Zwerghühner, die jedoch ebenso zutraulich werden können wie die Großform.

(2) Ein schöner, breit angesetzter Rosenkamm bei einem Zwerg-Dresdner-Hahn.

(3) Zwerg-Dresdner-Hahn im Farbenschlag Schwarz mit fantastischem Grünlack, präsentiert auf einer Geflügelschau.

Fotos © Robert Höck

gleich aber auch fleißige und umtriebige Futtersucher. Wie die meisten Rassen ihres Typs sind sie von zutraulichem Wesen.

Bruttrieb: Der Bruttrieb ist eher gering ausgebildet.

Empfehlungen für Zucht und Haltung: Dresdner sind in jeglicher Hinsicht robust und unkompliziert. Aufgrund der Rosenkämme sind sie sogar noch besser für kalte Regionen geeignet als ihre Schwesterrasse, die New Hampshire, da es bei den Hähnen nicht zu Frostschäden an den Kammzacken kommen kann.

Zwergform: Bereits während der Entstehung der Großrasse begann Alfred Zumpes Sohn Siegmar mit ihrer Verzwergung. Als Ausgangsbasis dienten ihm große Dresdner, Zwerg-Wyandotten in Weiß-Schwarzcolumbia und Antwerpener Bartzwerge. Die Anerkennung erfolgte in der ehemaligen DDR 1958, in Westdeutschland 1967.

Zu den Braunen kamen später noch die übrigen Färbungen der Großrasse sowie die Gesperberten hinzu. Zwerg-Dresdner sind vielerorts sogar beliebter als ihre großen Verwandten. Die Zwerge sind hervorragende Leger; die Braunen legen ca. 170, die übrigen Farbenschläge 150–170 gelbliche, mindestens 40 g schwere Eier. Sie sind von ruhigem Wesen und brüten etwas häufiger als die Großrasse.

Niederrheiner und Nordholländische Hühner

Die Niederrheiner gelten zwar als deutsche Rasse, sind aber eigentlich eine niederländische Züchtung, denn sie stammen direkt vom Nordholländischen Blauen Huhn („Nord-Hollands Blauwe„) ab, einer Wirtschaftsrasse, die um 1900 von der jüdischen Gemeinschaft in der Gegend um Purmerend nahe Amsterdam entwickelt wurde, um die Familien mit weichem, hellem Hähnchenfleisch zu versorgen.

Herkunft und Entstehung: Die Idee zu dieser Züchtung ergab sich aus dem Umstand, dass die seinerzeit als Fleischproduzenten sehr beliebten Mechelner aufgrund von relativ später Reife und häufiger Brutlust nicht schnell genug ausreichend Nachkommen produzieren konnten. Daher kreuzte man sie mit blauen Belgischen Kämpfern, Faverolles, schwarzen Orpington, Langschan und gestreiften Plymouth Rocks und erhielt so einen reproduktiveren und kleineren Typ.

(1) Niederrheiner-Hahn im Farbenschlag Gelbsperber, präsentiert bei einer Ausstellung.
(2) Ein Zwerg-Niederrheiner-Hahn im Farbenschlag Kennsperber.
(3) Ein üppig besichelter Althahn der Nordholländischen Hühner, fotografiert in seiner Heimat.

Foto © Robert Höck

1928 gelangten diese Hühner auch in deutsche Produktionsbetriebe, konnten sich aber zunächst nicht etablieren. Erst als etwa zehn Jahre später die beiden Züchter Jacques Jobs und Friedrich Regenstein die Rasse neu importierten und farblich vereinheitlichten, wobei sie besonders die sehr hellen Hähne und dunklen Hennen einander anglichen, stellte sich Erfolg ein. Die Einkreuzung von Leghorn führte dann zu einem beweglicheren und höher gestellten neuen Typ, der 1943 als „Blaues Masthuhn" offizielle Anerkennung fand und 1947 schließlich treffender in „Blausperber" umbenannt wurde. Mit dem Entstehen weiterer Farbenschläge wurde für diese der Name Niederrheiner eingeführt, der dann ab 1961 für alle Farbvarianten galt.

In den Niederlanden wurden die Nordholländischen Blauen weitergezüchtet und dienten als kommerzielle Fleischrasse, bis sie seit den 1950er-Jahren durch moderne Zuchtlinien verdrängt wurden. Der letzte Betrieb wurde 1977 geschlossen. Seitdem ist die mittlerweile in Gesperbert gezüchtete Rasse selten.

1

2

(1) Die Hähne der Nordholländischen Hühner haben in der Regel einen tiefen, etwas langgestreckten Krähruf.
(2) Hier wird ersichtlich, dass die Sperberung bei Hahn und Henne unterschiedlich stark ausgeprägt ist; der Hahn ist deutlich heller. Foto © Robert Höck

Erscheinungsbild: Beide Rassen haben eine abgerundete Form, sind gut mittelgroß sowie breit und kräftig im Körperbau. Sie sind voll und mittellang befiedert, tragen einen Einfachkamm, haben rote Ohrlappen und fleischfarbige Läufe.

Während es die Nordholländischen Hühner nach wie vor nur in Gesperbert gibt, wurden von den Niederrheinern zahlreiche weitere Farbenschläge entwickelt: Kennsperber entstanden bis 1953 aus Blausperbern mithilfe von Rhodeländern und Welsumern, Gelbsperber im selben Zeitraum aus Blausperbern, bereits vorhandenen Kennsperbern, Orpington und Sussex, Birkenfarbige in den 1950er-Jahren aus Blausperbern, Sussex und Cochin und Blaue in den 1960er-Jahren unter dem Einfluss blauer Orpington. Neueren Datums sind die Weiß-Schwarzcolumbia-Gesperberten, die erst nach der Jahrtausendwende anerkannt wurden. Die Küken sind bei allen Farbschlägen mit Sperberung kennfarbig, wobei das bei den Gelbsperbern wegen des schwachen Kontrastes im Flaumkleid zuweilen schwer erkennbar ist.

Leistungseigenschaften: Beide Rassen sind ausgesprochene Zweinutzungshühner mit guter Mästbarkeit und hoher Fleischqualität. Die Niederrheiner Blausperber legen 140–180 gelbe bis hellbraune, mindestens 55 g schwere Eier, die Legeleistung der anderen Farbenschläge bewegt sich zwischen 120 und über 200 Eiern, wobei sich besonders die Gelbsperber positiv hervortun. Dem Nordholländischen Huhn wird eine Legeleistung von rund 140 hellbraunen, ca. 57 g schweren Eiern attestiert.

Bruttrieb: Glucken treten eher selten auf, sind aber bei beiden Hühnerrassen möglich.

Wesenseigenschaften: Beide Rassen sind ruhige, zahme und friedliche Hühner, dabei robust und wenig anspruchsvoll. Auch ist ihr Flugvermögen nur gering ausgebildet.

Empfehlungen für Zucht und Haltung: Aufgrund ihrer Robustheit und des ruhigen Wesens sind beide Rassen grundsätzlich unproblematisch in Zucht und Haltung. Man sollte jedoch auf eine ausgewogene Fütterung achten, da die Tiere ansonsten schnell zur Verfettung neigen. Ausreichende Mineralstoffversorgung während der Aufzucht ist wichtig, um stabile Beine zu erhalten.

Zwergform: Eine Zwergform wurde nur von den Niederrheinern erzüchtet. Sie entstand im Ursprungsfarbenschlag bereits in den 1940er-Jahren, noch bevor die Großrasse offiziell anerkannt wurde. Dennoch sollte es bis 1954 dauern, bis auch den Zwergen dieser Status zuerkannt wurde. Welche Rassen außer den Großen bei dieser Verzwergung mitwirkten, lässt sich heute nicht mehr rekonstruieren. Ab 1969 folgten dann Blaue, Birkenfarbige, Kennsperber, Gelbsperber, Blau-Birkenfarbige, Orangebrüstige und Blau-Orangebrüstige.

Zwerg-Niederrheiner legen 100–160 gelbe bis hellbraune, mindestens 40 g schwere Eier und entsprechen in ihren Eigenschaften weitgehend der Großform.

Bielefelder Kennhühner

Das Bielefelder Kennhuhn gehört inzwischen zweifelsfrei zu den häufigsten deutschen Hühnerrassen und überzeugt als Zweinutzungsrasse auf ganzer Linie. Es ist sowohl bei den Garten-Hühnerhaltern als auch bei Selbstversorgern beliebt und hat sogar international inzwischen eine gewisse Fanbase. So kennt man es im englischsprachigen Raum als „Bielefelder chicken„. Interessant ist dabei, dass Bielefelder Kennhühner oft als alte historische Rasse betrachtet werden und sich daher auch bei Fans gefährdeter Nutztierrassen einfinden. Tatsächlich gehören sie jedoch zu den jüngsten Schöpfungen der deutschen und sogar der europäischen Hühnerzucht.

Der markante Kopf eines Bielefelder Kennhahns im Portrait. Foto © Robert Höck

1

2

Herkunft und Entstehung: Erst in den 1970er-Jahren begann die Zuchtgeschichte der Bielefelder, als der deutsche Züchter Gerd Roth eine neue, leistungsstarke Hühnerrasse erzüchten wollte, deren Hauptrassemerkmal die Kennfarbigkeit ist. Kennfarbig heißt, dass sich anhand der Farbgebung des Flaumkleids bereits bei den Eintagsküken das Geschlecht bestimmen lässt. Als wichtigste Ausgangsrassen wurden Mechelner, Amrocks, Welsumer, New Hampshire und Rhodeländer verwendet, denn man wollte den Sperberfaktor der ersten beiden mit der Rebhuhnfarbe der Welsumer verbinden. Das Zuchtvorhaben gelang und wurde schließlich 1980 mit der offiziellen Anerkennung der neuen Rasse in Deutschland belohnt.

Erscheinungsbild: Es handelt sich bei den Bielefeldern um sehr große, schwere Tiere mit breitem, kompaktem Körper, tiefer Brust, breiten Schultern, einer waagerechten Haltung, voller und mittellanger Befiederung und eher tiefem Stand. Hinzu kommen ein mittelgroßer Einfachkamm, relativ große Kehllappen, rote Ohrlappen und gelbe Läufe.

Nach den Kennfarbigen wurden kurz darauf auch die Silber-Kennfarbigen erzüchtet. Das Zeichnungsbild entspricht grundsätzlich dem der Rebhuhnfar-

4

5

be oder Silberfarbe, wird jedoch von der streifenartigen Musterung des Sperberfaktors überlagert. Dies sieht man besonders gut bei den Hennen.

Weil der dominante Sperberfaktor geschlechtsgebunden vererbt wird, tragen reinerbige Hähne ihn doppelt, während Hennen immer nur ein solches Allel besitzen. Durch die doppelte Gendosis sind reinerbige Hähne schon an ihrem ersten Lebenstag im Vergleich zu ihren Schwestern deutlich heller gezeichnet.

Leistungseigenschaften: Eine Besonderheit aller Bielefelder Kennhühner, ob groß oder klein, ist das vermehrte Auftreten von gesprenkelten Eiern. Das ideale Bielefelder-Ei soll hellbraun mit dunkelbraunen „Sommersprossen" sein und 60 g wiegen. Es sind jährlich zwischen 150 und 180 Eier zu erwarten.

Wesenseigenschaften: Bielefelder sind eher ruhige, gelassene Tiere mit friedfertigem Charakter. Sie neigen wenig zu schreckhaften Verhaltensweisen und gelten allgemein als sehr umgänglich. Letzteres gilt auch für die Hähne.

Bruttrieb: Der Bruttrieb ist bei den Hennen ab der zweiten Legeperiode vereinzelt zu beobachten. Auffallend ist dabei, dass die Bielefelder-Hennen meist erst im Juli oder August in Brutlaune geraten. Das macht sie für Naturbruten eher uninteressant, obgleich diese Glucken ihre Küken solide aufziehen.

(1 und 2) Wer genau hinsieht, erkennt auf beiden Fotos, dass der Bielefelder Hahn eine deutlich heller ausgeprägte Kennsperberung zeigt als die Hennen seiner Zuchtgruppe.

(3) Zwerg-Bielefelder Kennhühner genießen den Auslauf auf der grünen Wiese.

(4) Zwerg-Bielefelder-Hahn im Farbenschlag Silber-Kennsperber.

(5) Die typische Farbgebung der Bielefelder Kennhühner verhilft ihnen auch zu einer guten Tarnung im Freigelände.

(6) Zwerg-Bielefelder-Henne im Farbenschlag Silber-Kennsperber. Fotos © Robert Höck

Empfehlungen für Zucht und Haltung: Bielefelder Kennhühner stellen keine besonderen Ansprüche an Zucht und Haltung. Wegen ihrer unproblematischen Eigenschaften eignen sie sich besonders für Selbstversorger und Neueinsteiger.

Auch wenn sie keine alte und gefährdete Rasse sind, so sind es doch waschechte Rassehühner, die eine empfehlenswerte Alternative zu den Hybridhühnern darstellen können. Man sollte zudem bedenken, dass auch andere, aus heutiger Sicht alte Hühnerrassen, wie z. B. die Vorwerkhühner, einmal als Neuzüchtungen begonnen haben, und so wird die Zeit auch aus den Bielefeldern mit etwas Glück eine alte Rasse machen.

Zwergform: Weil die Bielefelder Kennhühner schon kurz nach ihrer Entstehung schnell beliebt wurden, blieb es nicht aus, dass die Züchter alsbald eine Zwergvariante kreierten. Dabei bediente man sich eines ähnlichen „Rezepts" wie zur Erzüchtung der Großrasse, indem man Zwerg-Amrocks mit Zwerg-Welsumern und Zwerg-New-Hampshire kreuzte, was schnell zum Erfolg und 1985 schließlich zur offiziellen Anerkennung führte. Auch sie werden in Kennfarbig und Silber-Kennfarbig gezüchtet. Mittlerweile sind sie ebenso beliebt wie die Großrasse.

Charakterlich sind sie deutlich weniger zahm als die Großen, fliegen besser und sind auch im fortgeschrittenen Alter noch umtriebiger. Sie sind für die Gartenhaltung gewiss ein toller Kompromiss, wenn der Platz für große Bielefelder nicht ausreicht.

Die Legeleistung liegt im Bereich zwischen 130–150 Eiern mit einem Gewicht von mindestens 49 g.

Zwerg-Bielefelder glucken früher im Jahr und tun dies generell nach den Beobachtungen vieler Hühnerhalter auch häufiger.

Strupphühner (Frizzle)

Zu den außergewöhnlichsten Erscheinungen der Haushuhnfauna gehören zweifellos die Strupphühner. Sie gelten als älteste in Europa bekannte Rasse mit dieser speziellen Gefiederbildung und zählen zusammen mit den Annaberger Haubenstrupphühnern zu den wenigen Rassen, die ausschließlich in dieser Variante vorkommen.

1

Herkunft und Entstehung: Die genaue Herkunft der Strupphühner ist unklar. Sicher ist nur, dass sie schon im 19. Jahrhundert in Europa gezüchtet wurden und u. a. in Frankreich, Dänemark, Russland und besonders dem Balkanraum weit verbreitet waren. Älteren Quellen zufolge sollen sie aus dem östlichen oder südöstlichen Asien stammen. Sie wurden möglicherweise vor über 200 Jahren durch englische und niederländische Seefahrer nach Europa verbracht, wo sie sich mit heimischen Landhühnern mischten. Nach Deutschland gelangten sie über die damalige Monarchie Österreich-Ungarn, verschwanden hier jedoch wieder und wurden erst Ende des 20. Jahrhunderts neu eingeführt.

(1) Den gelben Farbenschlag gibt es nur bei den Zwerg-Strupphühnern. Foto © Robert Höck

(2) Ein Zwerg-Strupphuhn im Farbenschlag Blau mit ausdrucksstarken, dunklen Knopfaugen.

Foto © Philip Braun

(3) Gesperbert ist ein noch junger Farbenschlag bei den Zwerg-Strupphühnern und hat formal noch keine Anerkennung gefunden. Foto © Philip Braun

(4) Ein schön befiederter weißer Zwerg-Strupphahn.

Foto © Philip Braun

(5) Schwarz ist der wohl häufigste Farbenschlag bei den großen Strupphühnern. Hier eine sieben Jahre alte Henne bei Jungzüchter Jacob, die immer noch vital ist.

Foto © Jacob Friede

Erscheinungbild: Strupphühner sind kräftige, gut gerundete, knapp mittelhoch gestellte Hühner mit Einfachkamm, roten Ohrlappen, je nach Farbenschlag schiefergrauen, weißlich-grauen oder gelben Läufen und der als Struppfiedrigkeit bezeichneten speziellen Gefiederbildung. Dabei sind die breiten Federn an Hals, Brust, Rücken und auf den Flügeldecken aufgerichtet und zum Kopf hin gebogen, die Federstruktur der Handschwingen zerschlissen, die Steuerfedern und Sicheln leicht gewellt. Dieses Merkmal beruht auf dem dominanten Faktor F, der im homozygoten Zustand zu einer starken Reduktion des Gefieders führt und heterozygot die Struppfiedrigkeit ausbildet. Hierzu ist jedoch noch ein rezessiver Modifikator notwendig, ohne den das Merkmal nur sehr abgeschwächt in Erscheinung tritt. Als Farbvarianten sind Schwarz, Weiß, Blau und Gesperbert anerkannt. In den

USA ist neben der glattfüßigen seit 1982 auch eine federfüßgie Variante vorhanden, das Farbschlagrepertoire ist dort, ebenso wie in England, weitaus umfangreicher als in Mitteleuropa.

Leistungseigenschaften: Die Hennen legen ca. 130 weiße bis gelbbraune, mindestens 58 g schwere Eier.

Wesenseigenschaften: Strupphühner sind von ruhigem und zutraulichem Wesen und untereinander gut verträglich. Sie haben keinen übermäßig großen Aktionsradius und neigen nicht zum Fliegen. Daher sind sie auch als Gartenhühner gut geeignet.

Bruttrieb: Der Bruttrieb ist bei den Strupphühnern vorhanden und gut ausgeprägt. Die Hennen zeichnen sich als ausgezeichnete Glucken und Mütter aus.

Empfehlungen für Zucht und Haltung: Aufgrund ihrer besonderen Gefiederausbildung, bei der die Federn nicht in gleicher Weise am Körper anliegen wie bei normalfiedrigen Rassen, sollte den Strupphühnern unter mitteleuropäischen Klimabedingungen stets ein Schutz vor starkem Regen und Kälte geboten werden. Ansonsten stellen sie keine besonderen Anforderungen an Stall und Auslauf.
In der Zucht ist darauf zu achten, dass Tiere mit starker Ausbildung der Struppfiedrigkeit nicht miteinander verpaart werden, um eine Übertypisierung des Hauptrassemerkmals zu vermeiden. Stattdessen empfiehlt sich, immer wieder auch normalfiedrige Tiere in die Zucht zu nehmen.

Zwergform: Zwerg-Strupphühner gelten als ebenso alt wie die Großform und wurden schon 1893 bei der Nationalen Geflügelschau in Leipzig präsentiert. Sie konnten sich jedoch nicht dauerhaft etablieren und erschienen dann erst in den 1970er Jahren erneut, wobei sie zuerst in England sichtbar wurden und 1980 schließlich auch in Deutschland offiziell Anerkennung fanden. Hier werden sie in den Farben Schwarz, Weiß, Blau, Gelb, Rot und Gesperbert gezüchtet. Auch sie sind von ruhigem Wesen und gelten als sehr gute Glucken. Sie legen jährlich etwa 120 hellbraune, mindestens 38 g schwere Eier.

Bei diesen blauen Zwerg-Strupphühnern ist schön zu sehen, dass die langen Schwanzfedern der Strupp-Hähne zuweilen nahezu normal aussehen. Ein Zeichen für gute Tiere, die nicht überstruppt sind.

Foto © Philip Braun

Braune Legehybriden in Bodenhaltung, wie sie millionenfach in der modernen Landwirtschaft zum Einsatz kommen.

Legehybriden

Die große Omnipräsenz der Hühnerwelt

Hybridhühner haben in einem Buch über Hühnerrassen nichts zu suchen, werden jetzt vielleicht einige sagen und prinzipiell teilen auch wir diese Meinung. Trotzdem wollen wir an dieser Stelle, dem Ende des dritten und finalen Bandes unserer Hühnerrassen-Buchreihe, ganz bewusst auch auf diese spezielle Zuchtform des Haushuhns näher eingehen. Der primäre Hintergrund ist, dass Hybridhühner immer wieder mit alten Hühnerrassen verwechselt werden und es leider auch beängstigend oft vorkommt, dass sie auf Geflügelmärkten oder auch in diversen Tieranzeigen als echtes Rassegeflügel deklariert, Neueinsteiger auf die falsche Fährte führen. Wir betrachten dieses letzte Kapitel daher als eine überaus wichtige und wertvolle Ergänzung für frischgebackene Hühnerhalter, die gerade erst beginnen, sich in der facettenreichen Welt der Hühnerrassen zu orientieren.

Wir gehen daher nicht nur auf die Ursprünge der Hybridhühner ein, sondern wollen auch einige ihrer häufigsten Formen präsentieren, um sie leichter von Rassehühnern unterscheiden zu können.

Was sind eigentlich Hybriden?

Hybridhühner sind nicht, wie der Name vermuten lassen kann, Arthybriden, also Kreuzungen verschiedener Spezies (wie z. B. Maulesel, Liger, Zesel), sondern resultieren aus der Kombination von Zuchtlinien, die auf spezielle, für die Ausbildung von Leistungsattributen verantwortliche Erbanlagen selektiert wurden. Sie weisen hinsichtlich dieser Merkmale also eine hohe Homozygotie (Reinerbigkeit) auf, was auch als erbfest bezeichnet wird. Durch die Kombination dieser Linien erweitert man das Spektrum solcher Merkmale in den Kreuzungstieren, steigert also die Leistung, wobei die Nachkommen dann hinsichtlich der nur von einer Linie kommenden Allele mischerbig, aber homogen sind.

1

Die Anfänge der Hybridhuhnzucht

Die allerwenigsten Hühner gehören heute zu einer der vielen alten Hühnerrassen, die wir in unseren drei Büchern beschrieben haben. Vielmehr ist das Durchschnittshuhn in aller Regel ein Hybridhuhn, das entweder einseitig auf Legeleistung oder aber Fleischertrag hin selektiert wurde. Besonders die Varianten der braunen Legehybriden sind heute in der landwirtschaftlichen Hühnerhaltung allgegenwärtig, vor allem auf kleineren Biobetrieben. Sie werden oft als die „normalen braunen Hühner" bezeichnet und zuweilen sogar für eine alte, bodenständige Rasse gehalten. Dabei ist es noch gar nicht so lange her, dass die Hybriden ihren Siegeszug antraten. Er vollzog sich aber sehr schnell und mit enormem Verdrängungseffekt. Die modernen Tierzucht-Unternehmen entwickelten in den Jahren nach dem zweiten Weltkrieg leistungsstarke Linien einiger weniger Legerassen und begannen, sie in aufwendigen Linienkreuzungen miteinander zu verpaaren. Dabei machte man sich auch den Heterosis-Effekt zunutze.

In den Handel kommen dann die „Endprodukte" dieser Kreuzungen, die allein dem Zweck dienen, hohe Nutzleistungen zu erbringen. Eine Weiterzucht mit den Kreuzungsprodukten ist im Allgemeinen nicht lohnend, da die Nachkommen dieser mischerbigen Tiere wieder in verschiedene Richtungen aufspalten und so das hohe Leistungsniveau nicht halten können. Erbfest sind

Heterosiseffekt

Die Nachkommen aus der Kreuzung weitgehend homozygoter, also erbfester Elterntiere sind für einen Teil ihrer Allele mischerbig (heterozygot), haben also mehr verschiedene Allele als die Eltern. Sie weisen daher ein breiteres genetisches Spektrum auf und sind dadurch oftmals resistenter gegenüber Krankheiten und können flexibler auf unterschiedliche Umweltbedingungen reagieren.

3

4

einzig die Elterntiere und darum müssen diese Populationen immer wieder neu kombiniert werden, um die leistungsstarken Hybrid-Generationen zu erzielen. Eine klassische Hühnerzucht wie in früheren Zeiten ist daher nicht mehr möglich. Es müssen einerseits die verschiedenen Ausgangslinien permanent erhalten und anderseits regelmäßig Nachkommen produziert werden. Ein Aufwand, den normale landwirtschaftliche Betriebe niemals stemmen könnten. So hat sich die landwirtschaftliche Hühnerzucht von einem einst geschlossenen, vollständig vor Ort verlaufenden System zu einem komplexen, wissenschaftlich basierten Produktionsprozess entwickelt, der unterschiedliche Stadien des Kreislaufs an verschiedene Orte auslagert. Kurzum, der „Hühnerbauer" züchtet selbst keine Hühner mehr, sondern kauft sich regelmäßig fa-

(1) Auch Eier aus Freilandhaltung stammen stets von Legehybriden, wie diesen braunen Hennen in einem Biobetrieb. Foto © shutterstock /Galdric PS

(2) Legebatterien für die Eierproduktion am Fließband sind noch immer in vielen Ländern der Welt erlaubt und im Einsatz. Weiße Hybridhühner auf Leghornbasis sind dafür besonders gefragt, weil sie etwas schmaler sind als ihre braunen Schwestern. Foto © shutterstock/sergey kolesnikov

(3) „Blausperber" sind quasi die gesperberte Version des Hybridhuhns und werden besonders häufig mit den Hühnerrassen Deutsche Sperber und Amrocks verwechselt. Foto © shutterstock/New Africa

(4) „Sussex" unterscheiden sich in der Hybridversion von der echten alten Hühnerrasse Sussex beispielsweise durch eine deutlich schwächere schwarze Columbiazeichnung an Hals und Schwanzgefieder.
Foto © shutterstock/LP Design

(5) „Grünleger-Hybriden" gibt es in vielen verschiedenen Gefiederfarben, oft auch mit Federschopf oder Bart, da sie aus unterschiedlichen Linien kombiniert wurden. Die grüne Eischalenfarbe stammt zumeist von den Araucana. Foto © shutterstock/Dora Zett

(6) „Bovan Black" sind die vielleicht bekanntesten schwarzen Hybridhühner. Sie zeigen häufig goldene Schaftstriche im Gefieder.
Foto © shutterstock/Kuttelvaserova Stuchelova

(7) „Königsberger" zeigen verschiedene Blau- und Grautöne, zuweilen mit goldenen Schaftstrichen im Halsgefieder. Foto © shutterstock/Tsekhmister

(8) Unter der Bezeichnung „Goldsperber" werden Hybridhühner vermarktet, die häufig mit der Gelbsperber-Variante der Niederrheiner verwechselt werden.
Foto © shutterstock/Tsekhmister

brikneue Tiere für die Nutzung. Verpaarung der Elterntiere, Ausbrüten der Eier, Aufzucht der Küken und der Handel mit den Junghennen liegen dagegen in den Händen der Konzerne und Geflügelhändler und finden nicht selten auch jeweils an verschiedenen Orten statt.

Besonderheiten in der Hybridenhaltung

Wer sich Legehybriden anschafft, sollte sich darüber im Klaren sein, dass diese Tiere kompromisslos dazu gezüchtet werden, sehr hohe Leistungen in möglichst kurzer Zeit zu erbringen. Für ein langes Leben, bei zugleich hoher Vitalität, sind sie nicht wirklich geschaffen. Es kann darum gerade für unerfahrene Hühnerhalter schwierig sein, ihnen ein dauerhaft glückliches Hühnerleben zu ermöglichen. Der Stoffwechsel der Legehybriden erbringt Höchstleistungen und das muss insbesondere in puncto Fütterung beachtet werden. Auch bei Freilaufhaltung können sie ihren Menüplan nicht ausreichend um notwendige Vitamine und Mineralstoffe ergänzen, um dauerhaft fit zu bleiben. Eine gezielte Versorgung mit Vitaminen und Mineralstoffen ist daher bei solchen Hühnern unerlässlich, wenn man plant, sie mehrjährig zu halten. Man sollte bei den Legehybriden auch immer mit dem Auftreten von diversen Problemen rund um den Legeapparat rechnen. Legedarmentzündung, Eierschalendrüsenentzündung, Kloakenvorfall, Legenot und mehr sind daher typische „Berufskrankheiten".

Einige häufige Hybridhühner

Die besonders gängigen weißen und braunen Legehybriden werden von Anfängern noch am ehesten als Hybridhühner identifiziert. Es gibt mittlerweile aber auch unzählige Hybriden in „Sonderlackierungen", die besonders häufig in Verwechslungen und Täuschungen involviert sind. Neueinsteiger sind immer wieder überzeugt, in ihnen alte Hühnerrassen vorzufinden, was bei klangvollen Namen wie „Königsberger" und „Goldsperber" aber auch nicht weiter verwunderlich ist. Auf der vorigen Doppelseite sind unten sechs häufige dieser Formen zum Vergleich abgebildet.

Literaturverzeichnis

BDRG (2006): Rassegeflügel-Standard für Europa. Howa Druck & Satz, Nürnberg.

BLANCKE, B., KLESSNER, W. & F. PFENNINGSTORFF (1925): Unser Hausgeflügel – Das Großgeflügel. Verlag Fritz Pfenningstorff, Berlin.

CRAWFORD, R. D. (ed.) (1990): Poultry breeding and genetics. Elsevier, Amsterdam.

DÜRIGEN, B. (1885): Die Geflügelzucht. 1. Auflage. Verlag Paul Paray, Berlin.

DÜRIGEN, B. (1910): Die Geflügelzucht. 2. Auflage. Verlag Paul Paray, Berlin.

DÜRIGEN, B. (1921): Die Geflügelzucht. 3. Auflage. Verlag Paul Paray, Berlin.

FISCHER, K. (1980): Bart-Haubenhühner. Geflügel-Börse 6/1980, S. 2–6. Verlag Jürgens, Germering.

GLEICHAUF, R. (1972): Züchtungs- und Vererbungslehre für Geflügelzüchter, 4. Auflage. Verlag Fritz Pfenningstorff, Berlin u. Stuttgart.

GRANEVITZE, Z., HILLEL, J., FELDMAN, M., SIX, A., EDING, H. & S. WEIGEND (2009): Genetic structure of a wide-spectrum chicken gene pool. Animal Genetics. https://doi.org/10.1111/j.1365-2052.2009.01902.x. Abgerufen am 30.01.2018.

GUO, Y., LILLIE, M., ZAN, Y., BERANGER, J., MARTIN, A., HONAKER, C. F., SIEGEL, P. B. & Ö. CARLBORG (2019): A genomic inference of the White Plymouth Rock genealogy. 2019 Poultry Science 98:5272–5280. http://dx.doi.org/10.3382/ps/pez411. Abgerufen am 17.10.2024.

HÖCK, R. (2021): Happy Huhn. Vom Vergnügen, glückliche Hühner halten zu dürfen. 2. Auflage. Cadmos-Verlag, München.

MALOMANE, D. K., SIMIANER, H., WEIGEND, A., REIMER, C., SCHMITT, A. O. & S. WEIGEND (2019): The SYNBREED chicken diversity panel: a global resource to assess chicken diversity at high genomic resolution. BMC Genomics (2019) 20:345. https://doi.org/10.1186/s12864-019-5727-9. Abgerufen am 27.01.2020.

MOULA, N., JAQUET, M., VERELST, A., ANTOINE-MOUSSIAUX, N., FARNIR, F. & P. LEROY (2012): Les races de poules belges. Ann. Méd. Vét., 2012, 156, 37-65. https://orbi.uliege.be/bitstream/2268/129193/1/12_AMV6.pdf. Abgerufen am 17.10.2024.

OSMAN, S. A. M., SEKINO, M., KUWAYAMA, T., KINOSHITA, K., NISHIBORI, M., YAMAMOTO, Y. & M. TSUDZUKI (2006): Genetic variability and relationships of native Japanese chickens based on microsatellite DNA polymorphisms-focusing on the Natural Monuments of Japan. The Journal of Poultry Science 43(1): 12-22, 2006. https://doi.org/10.2141/jpsa.43.12. Abgerufen am 08.08.2022.

PINARD-VAN DER LAAN, M. H., MONVOISIN, J. L., PERY, P., HAMET, N. & M. THOMAS (1998): Comparison of outbred lines of chickens for resistance to experimental infection with coccidiosis (Eimeria tenella). 1998 Poultry Science 77(12):185–191. https://doi.org/10.1093/ps/77.2.185. Abgerufen am 27.06.2022.

SCHILLING, M. A., MEMARI, S., CAVANAUGH, M., KATANI, R., DEIST, M. S., RADZIO-BASU, J., LAMONT, BUZA, J. J. & KAPUR, V. (2019): Conserved, breed-dependent, and subline-dependent innate immune responses of Fayoumi and Leghorn chicken embryos to Newcastle disease virus infection. Scientific Reports 9:7209. https://doi.org/10.1038/s41598-019-43483-1. Abgerufen am 27.06.2022.

SCHWARZ, W. (2002): Der große Geflügelstandard in Farbe. Band 2: Zwerghuhnrassen. 5. Auflage. Verlag Oertel + Spörer, Reutlingen.

SCHWARZ, W. & A. SIX (2004): Der große Geflügelstandard in Farbe. Band 1: Hühner – Truthühner – Perlhühner. 7. Auflage. Verlag Oertel + Spörer, Reutlingen.

SIX, A. (2005): Beobachtungen zum Türkischen Huhn. Geflügelbörse. Verlag Jürgens, Germering.

SIX, A. (2018): Hühnerzucht heute. Rasseportäts – Aufzucht – Haltung – Genetik – Vererbung. Verlag Oertel + Spörer, Reutlingen.

SIX, A. & S. WEIGEND (2003): Genetische Vielfalt – Molekularbiologische Untersuchungen der Verwandtschaftsbeziehungen ausgewählter Hühnerrassen, Teil 2. Geflügelzeitung 5/2003. HK Hobby- und Kleintierzüchter Verlagsgesellschaft, Berlin.

SIX, A. & R. HÖCK (2022): Happy Huhn. Das Hühnerrassenbuch – Band 1. 2. Auflage. Cadmos-Verlag, München.

SIX, A. & R. HÖCK (2023): Happy Huhn. Das Hühnerrassenbuch – Band 2.Cadmos-Verlag, München.

VÖLLSCHAU, J. (1884): Illustriertes Hühner-Buch. Verlag J. F. Richter, Hamburg.

VIALE, E., ZANETTI, E., OZDEMIR, D., CROCCANELLO, C., DALMASSO, A., DE MARCHI, M. & M. CASSANDRO (2017): Development and validation of a novel SNP panel for the genetic characterization of Italian chicken breeds by next-generation sequencing. Discovery and array genotyping. 2017 Poultry Science 0:1–9. http://dx.doi.org/10.3382/ps/pex238. Abgerufen am 17.10.2024.

WANDELT, R & J. WOLTERS (1996): Handbuch der Hühnerrassen – Die Hühnerrassen der Welt. Verlag Wolters, Bottrop.

WANDELT, R & J. WOLTERS (1998): Handbuch der Zwerghuhnrassen – Die Zwerghuhnrassen der Welt. Verlag Wolters, Bottrop.

WRAGG, D., MWACHARO, J. M., ALCALDE, J. A., HOCKING, P. M. & O. HANOTTE (2012): Analysis of genome-wide structure, diversity and fine mapping of Mendelian traits in traditional and village chickens. Heredity (2012) 109, 6–18. https://doi.org/10.5061/dryad.996cr8f0. Abgerufen am 14.06.2020.

WU, Z., BORTOLUZZI, C., DERKS, M. F. L., LIU, L., BOSSE, M., HIEMSTRA, S. J., GROENEN, M. A. M. & R. P. M. A. CROOIJMANS (2021): Heterogeneity of a dwarf phenotype in Dutch traditional chicken breeds revealed by genomic analyses. Evol. Appl. 2021;14:1095–1108. https://doi.org/10.1111/eva.13183. Abgerufen am 17.10.2024.

1

Danksagung

VON ROBERT HÖCK

Den dritten Band einer Trilogie abzuschließen, fühlt sich für mich ein wenig so an, als würde eine kleine Ära zu Ende gehen. Fünf Jahre lang haben mein Coautor Armin und ich an dieser Buchreihe über Hühnerrassen gearbeitet und uns dabei Stück für Stück mit allen Hühnerrassen beschäftigt, die uns für das Projekt als wichtig erschienen. Wir haben recherchiert, Wissen ausgetauscht, Fachdiskussionen geführt, Fototermine geplant und uns nicht zuletzt auch regelmäßig mit den vielen Züchterinnen und Züchtern ausgetauscht, die all diese vielen alten Hühnerrassen mit ihrem züchterischen Schaffen am Leben halten und für die Nachwelt bewahren.

Armin und ich lernten uns zunächst über die hochgefährdeten Langkräher-Hühner kennen und arbeiteten nachfolgend auch bei der Rettung der Bayerischen Landzwerge zusammen. Schnell war klar, dass wir ähnliche Ansichten teilen, insbesondere was die schwierige Zukunft anbelangt, auf die heute viele alte Hühnerrassen hinsteuern. So kam uns die Idee zu einer Buchreihe über Hühnerrassen, die nicht nur im Schauwesen anerkannte Rassen beinhalten sollte. Häufig zeigen Bücher über Hühnerrassen nämlich ausschließlich Hühner mit offiziellen Rassestandard für die Ausstellungszucht. Wir wollten in unseren Büchern alte, bunte Landschläge wie die Bayerischen Landzwerge und die Proveis-Ultentaler ebenso berücksichtigen wie die Moderassen der jüngsten Stunde, beispielsweise Serama und Silverudds Blå. Auch einige Spezialitäten aus aller Welt, wie die schon erwähnten Langkräher, die ägyptischen Fayoumi und die Dandarawi sollten, stellvertretend für die globale Rassevielfalt, umfangreiche eigene Portraits bekommen. Und dann gibt es da noch Hühnerrassen, die mitten in Europa nahezu unbemerkt im Aussterben begriffen sind, wie etwa die Gelben Haspengauer aus diesem Band. Bei der Beschreibung war uns wichtig, praktische Aspekte ebenso zu berücksichtigen wie Wissenschaftliche.
Rückblickend kann ich mit Stolz sagen, dass uns unsere, etwas komplizierte Rezeptur ziemlich gut gelungen ist, und daher soll mein erster Dank an den lieben Armin gehen, der durch diese Zusammenarbeit auch zu einem guten Freund geworden ist. Es gibt eigentlich keine Hühnerfrage über die ich mich mit ihm nicht unterhalten kann.

Bedanken möchte ich mich außerdem auch beim Cadmos-Verlag, der uns unser Konzept für das Buch

(1) Armin und Robert zu Besuch am Wissenschaftlichen Geflügelhof Rommerskirchen (W.G.H.) wo es immer wieder zu tollen Begegnungen mit anderen Hühnerexperten kam, wie hier beispielsweise im Zeichen der Barnevelder-Hühner, welche 2023 vom BDRG zur Hühnerrasse des Jahres auserkoren und daher näher erforscht wurden. Foto © Robert Höck

(2) Der Austausch mit den Züchtern zählt zu den schönsten Aspekten bei der Entstehung eines jeden Hühnerbuchs. Hier von links nach rechts: Robert mit den Geflügelzüchtern Tobias, Helmut und Gerhard, welche die Hühnerrassen Yokohama, Zwerg-Welsumer und Mechelner zeigen. Foto © Julia Abstreiter

genauso machen lassen hat, wie wir es uns von Anfang an vorstellten. Das ist keineswegs selbstverständlich, wie andere Autoren gewiss bestätigen können. Ausschlaggebend für die Umsetzung war zunächst einmal das große Vertrauen von Brigitte Schweinegger, der Programmleiterin. Als super geduldige und kompetente Lektorin fungierte Christine Weidenweber. Für das grafische Design darf ich mich bei Gerlinde Gröll bedanken. Besonders die tollen, prägnanten Buch-Cover mit den vielen Hühner-Kreisen haben die Wirkung der Buchreihe sehr geprägt und waren mal wieder eine Glanzleistung aus Gerlindes kreativem Denken!

Die größte Herausforderung dieser Buchreihe war für mich persönlich die Beschaffung der Fotos, um die zahlreichen Hühnerrassen-Portraits gebührend zu bebildern. Ich erhob von Anfang an den Anspruch, dass ich möglichst wenige Bilder von Hühnern im beengten Schaukäfig zeigen wollte. Die Hühner sollten in hühnergerechter Umgebung gezeigt werden. Zwar hatte ich vom Großteil der Hühnerrassen eigene Fotos, doch an einigen Rassen „biss ich mir dann doch die Zähne aus". Sie werden kaum noch in Mitteleuropa gezüchtet, und es glich teilweise einer Odyssee, sie alle aufspüren zu wollen und selber zu fotografieren. Irgendwann musste ich einsehen, dass der Aufwand einfach zu groß war und auch die Nachhaltigkeit auf der Strecke bleiben würde, wenn ich jedes Mal quer durch Europa fahre, nur für ein paar einzelne Fotos.

Also gab es nur noch die Möglichkeit über meinen Schatten zu springen und die Community um Hilfe zu bitten. Viele Hühnerzüchter und Hühnerfans fotografieren inzwischen selber und haben teils tolle Instagram-Seiten zu ihren gefiederten Schützlingen. Warum nicht einfach sie nach guten Fotos fragen? Ja, was soll ich sagen, wann immer ich irgendwo anklopfte und nach Bildern zu einer besonderen Hühnerrasse fragte, wurde mir geholfen. Daher auch ein großes DANKESCHÖN an die vielen Hühnerleute, deren Fotos sich nun überall zwischendurch in den drei Bänden finden. In diesem Band waren das zum Beispiel die Bilder von Karin, Monika, Daniela, Tobias, Magnus, Fabian, Jacob, Philip, Jens und Reto. Einfach klasse, dass ihr alle sofort dazu bereit wart, mir auszuhelfen!

Experten werden immer Hühnerrassen finden, die in unserer Buchreihe nicht zu finden sind, weil es einfach nicht möglich ist, hier einen Anspruch auf Vollständigkeit zu erheben. Bei weltweit über 2500 Hühnerrassen ist es schlichtweg unmöglich, sie alle aufzunehmen. Doch so bleibt die Faszination der Rassevielfalt aufrecht und man wird immer wieder von etwas Neuem beeindruckt sein.